时尚靓丽的手编户外毛衫

日本靓丽出版社　编著

刘晓冉　译

目录

2　雪花花样的马甲

3　花朵图案的科维昌夹克衫

4　驯鹿和冷杉图案的马甲

5　雪花图案的科维昌夹克衫

6　拉链开襟马甲

7　带耳罩的针织帽

8　格恩西图案的开衫

9　圆育克开衫

10　阿兰花样的开衫

12　长筒针织暖腿套

13　传统夹克衫

14　菱形格图案的开衫

15　带绒球的贝雷帽

16　蝙蝠袖夹克衫

17　带兜头帽的斗篷

18　变换中线的夹克衫

19　针织长袍

20　带口袋的条纹斗篷

21　双层流苏的斗篷

22　蜂窝花样的马甲

24　菱形块花样的马甲

25　大领子的开衫

26　前后直身片的开衫

27　毛皮围脖

33　开始编织前

83　编织基础

中国民族摄影艺术出版社

1

可爱的前开襟马甲，嵌入了雪花结晶花样。使用极粗线编织进度很快，真是令人开心。选择自然的颜色，给人暖融融的印象。

编织方法◆P.34
线◆Hamanaka（和麻纳卡）CANADIAN 3S
设计◆山本玉枝
制作◆本山叶子

カットソー…prit
ワンピース（参考商品）…ヌージー
haco.(フェリシモ)
靴…cholon 東京店

花朵图案的科维昌夹克衫

2

可作为罩衣穿的夹克衫，嵌入了
略显怀旧的花朵图案。所有图案
都是沉稳的色调，不论谁穿都会
很合适。肩部的织片运用正反平
针，织成变形育克风格。

编织方法 P.28
线 Hamanaka（和麻纳卡）BOSK
设计 岸睦子

驯鹿和冷杉图案的马甲

3

这件马甲前身片的驯鹿花样和后身片的冷杉树花样非常引人注目。在基础的本白色和褐色中加入了装饰性的绿色和粉色后，毛衫更显淑女气质。

编织方法 ▶ P.30
线 Hamanaka（和麻纳卡）CANADIAN 3S
设计 水原多佳子

雪花图案的科维昌夹克衫

4

夹克加入了薄荷绿，肥肥大大的尺寸十分可爱。真想套上它，享受一下这温暖的搭配。

编织方法◆P.36
线◆Hamanaka（和麻纳卡）CANADIAN 3S
设计◆横山纯子
制作◆山口阳子

拉链开襟马甲

简便又合身的科维昌开襟马甲，衣长稍长，十分温暖。不用担心搭配问题，拉链开襟和宽大的尺寸设计，同样适合男生穿着。

编织方法 ▶ P.38
线 ▶ Hamanaka（和麻纳卡）CANADIAN 3S
设计 河合真弓
制作 栗园由美

带耳罩的针织帽

简单的花色编织，运用了深浅不同的灰色来配色。因为加上了耳罩和大大的绒球，显得格外青春活泼。

编织方法，P.40
线 Hamanaka（和麻纳卡）CANADIAN 3S
设计 横山纯子

6

格恩西图案的开衫

格恩西图案编织起来十分有趣，真想再挑战一次。前襟和下摆等运用平针编织，制作十分简单。选择粗花呢线编织这款自然感十足的开衫。

编织方法◆P.42
线◆Hamanaka（和麻纳卡）ARANTWEED
设计◆岸睦子

7

圆育克开衫

圆育克式的开衫，不用上袖的制作方法
真是令人开心。宽大的袖口和身片的衣
型十分漂亮，均匀的扭花花样既简洁又
美观。

编织方法：P.44
线　Hamanaka（和麻纳卡）Sonomono ROVING
设计　横山纯子
制作　山口阳子

阿兰花样的开衫

9

用本白色毛线织成的开衫，漂亮的阿兰花样十分引人注目。V字领的身片强调纵向线条，看起来十分顺畅。

编织方法◆P.47
线◆Hamanaka（和麻纳卡）Sonomono ALPACA WOOL
设计◆风工房

长筒针织暖腿套

罗纹编织宽松又简单……轻松穿脱的长筒针织暖腿套，不管是弯弯曲曲地蜷曲在脚踝，还是拉开穿出靴子的感觉都十分可爱。

编织方法◆P.61
线◆Hamanaka（和麻纳卡）CANADIAN 3S
设计◆河合真弓
制作◆远藤阳子

传统夹克衫

一件传统的夹克衫，能穿出性感、中性和稳重等各种风格。较小的衣领和翻袖等细节部位，轻松地添加了可爱的感觉。

编织方法◆P.50
线◆Hamanaka（和麻纳卡）CANADIAN 3S
设计◆河合真弓
制作◆Horikuti Miyuki

菱形格图案的开衫

用粗花呢线织成的暖暖和和的开衫。没有加减行的直片前后身片设计，编织起来很容易。衣领两侧运用双鹿点花样，使织片产生变化。

编织方法◆P.52
线◆Hamanaka（和麻纳卡）ARANTWEED
设计◆水原多佳子
制作◆松好孝子

12

带绒球的贝雷帽

13

带绒球的贝雷帽是秋冬季的必
备品。生命之树的花样是这款
帽子的亮点。将成熟与可爱混
搭起来，快点出发吧。

编织方法◆P.54
线◆Hamanaka（和麻纳卡）
　　ARANTWEED
设计◆水原多佳子

蝙蝠袖夹克衫

蓬松织片的夹克衫是用带绒毛的线织成的，暖意融融。蝙蝠袖的样式十分可爱。

编织方法◆P.56
线◆Hamanaka（和麻纳卡）
　　GRAND-ETOFFE
设计◆风工房

带兜头帽的斗篷

15

扭花和格纹花样的斗篷，拥有足够的长度和适度宽松的样式，是合身的经典款式。戴上兜头帽，充满了怀旧的氛围。

编织方法◆ P.58
线◆ Hamanaka（和麻纳卡）ARANTWEED
设计◆ 冈本启子
制作◆ 清野加奈惠

变换中线的夹克衫

16

这件夹克是用层次分明的线织成。
身片的侧面和袖子用下针编织，身
片的中间用上针编织，就织出了一
条变换的中线。

编织方法◆P.62
线◆Hamanaka（和麻纳卡）Sonomono
GRADATION
设计◆柴田淳

针织长袍

17

延长 P.18 的 16 号夹克衫的尺寸，再添加腰带织成的长袍。因为增加了衣长，与连衣裙和紧身衣十分搭配。正面敞开穿着也十分出众。

编织方法◆ P.62
线◆ Hamanaka（和麻纳卡）Sonomono GRADATION
设计◆柴田淳

带口袋的条纹斗篷

衣领和下摆运用两种样式的条纹织成层次分明又漂亮的斗篷。因为线很柔软，织得很轻松。天冷的时候手能放进口袋，方便又舒心。

编织方法◆P.65
线◆Hamanaka（和麻纳卡）GRAND-ETOFFE
设计◆Oumori sayumi
制作◆直江由贵子

18

双层流苏的斗篷

这款宽松的斗篷，在下摆和下摆上侧都配有一圈流苏。侧面的扭花花样有紧身的效果。

编织方法◆P.71
线◆Hamanaka（和麻纳卡）Sonomono
　GRADATION
设计◆镰田惠美子
制作◆小林知子

19

蜂窝花样的马甲

马甲的前襟是抢眼的蜂窝花样。
身片设计相同，20 号搭配了鹿点
花样的领子，21 号搭配了蜂窝花
样的兜头帽。

编织方法◆P.68
线◆Hamanaka（和麻纳卡）WARMMY
设计◆冈本启子
制作◆日比哲子

20

编织方法 ※ P.68
线 ※ Hamanaka（和麻纳卡）WARMMY
设计 ※ 冈本启子
制作 ※ 日比哲子

21

菱形块花样的马甲

22

用交叉针编织出菱形块图案的马甲，极粗线体现出疏松感。大领子和宽幅的前襟都是可爱的亮点。

编织方法◆ P.77
线◆ Hamanaka（和麻纳卡）BOSK
设计◆ 水原多佳子
制作◆ 林多惠子

大领子的开衫

23

因为有个大领子，这件开衫穿起
来有种夹克的感觉。前后身片连
接后，用一颗纽扣就可以简单固
定。

编织方法◆P.74
线◆Hamanaka（和麻纳卡）Sonomono
　　TWEED
设计◆冈本启子
制作◆儿岛文惠

前后直身片的开衫

24

能享受到各种花纹织片的奢侈设计，再加上直片样式的开衫，像裹上披肩一样暖和。也可以不固定正面，将两襟垂在身侧穿着。

编织方法◆P.80
线◆Hamanaka（和麻纳卡）WARMMY
设计◆岸睦子

毛皮围脖

平针编织的简单围脖，选择了皮毛线，显现出高贵端庄的感觉。与衣柜里的各种衣服都很搭配，真是百搭的款式。

编织方法◆ P.82
线◆ Hamanaka（和麻纳卡）LUPO
设计◆ Wada miyuki

25

◆用线
Hamanaka（和麻纳卡）BOSK
米色（2）450g
本白色（1）120g
卡其色（5）120g
胭脂红色（6）50g

◆其他材料
纽扣（15mm×22mm）5颗

◆用具
Hamanaka（和麻纳卡）Amiami圆头棒针2根
15号、14号

◆标准针数（10cm见方）
嵌入花样A 10.5针 16行
嵌入花样B 10.5针 14行

◆完成尺寸
胸围108cm 肩宽39cm 衣长59.5cm 袖长53cm

◆编织方法
1.普通起针，用嵌入花样A・B、平针编织完成后身片、后领、左右前身片。
2.普通起针，用嵌入花样A・B编织完成袖子。
3.从后领挑针，用平针编织完成左右前领，伏针收针。
4.从前身片挑针，用单罗纹编织完成前襟，伏针收针。
5.肩部盖针订缝。
6.两胁、袖下挑针接缝。
7.前领和前身片、前襟卷针订缝连接。
8.将袖子用引拔针缝合到前后身上。
9.钉缝纽扣。

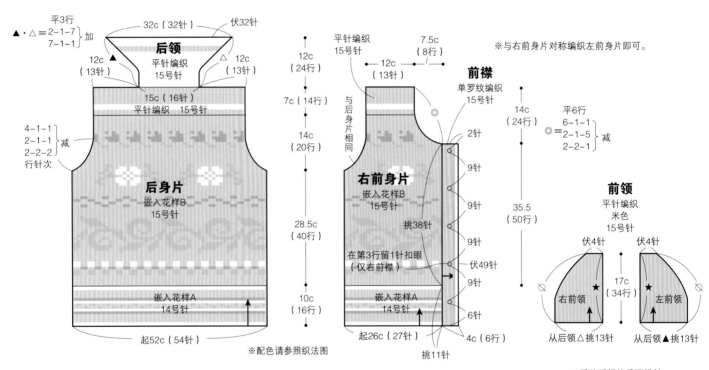

※配色请参照织法图

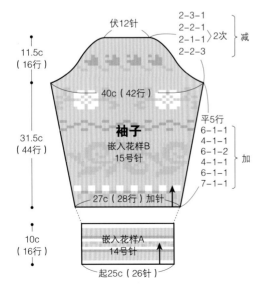

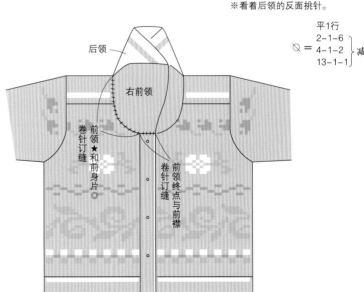

后身片·后领的织法图

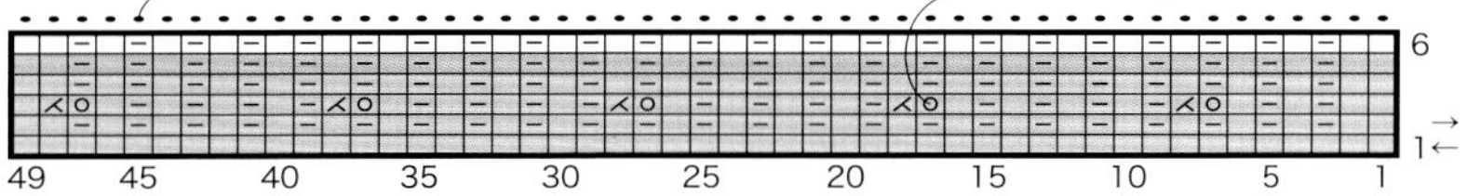

平针编织　　嵌入花样B　　嵌入花样A

后领

伏针收针

左前身片　　后身片　　右前身片

用米色和本白色线科维昌编织

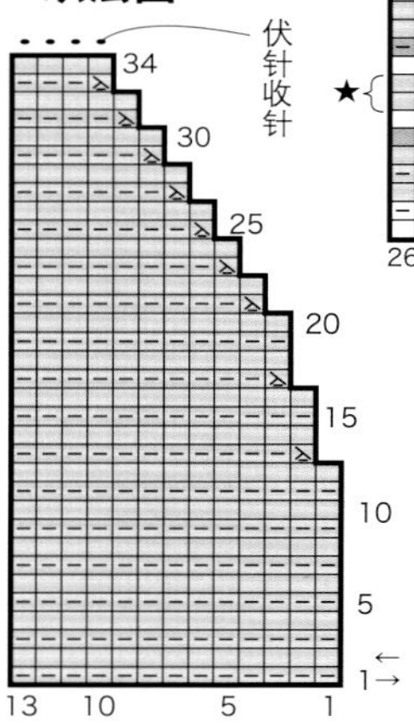

用米色和卡其色线科维昌编织

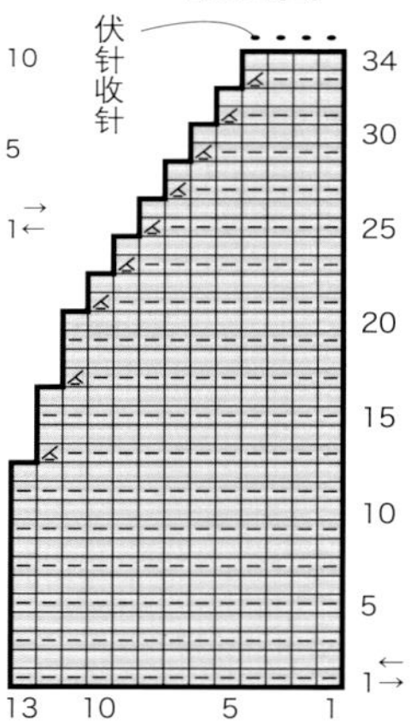

□=米色
□=本白色
□=胭脂红色
□=卡其色
□=□省略下针记号，用胭脂红色下针编织
×=用米色编织后，用胭脂红色下针编织
回=扭加针

※嵌入花样☆=用科维昌编织方法编织织片
※嵌入花样★=用渡线方法在织片的反面编织

前襟的织法图

扣眼（仅右前）

一边进行单行罗纹编织一边伏针收针

袖子的织法图

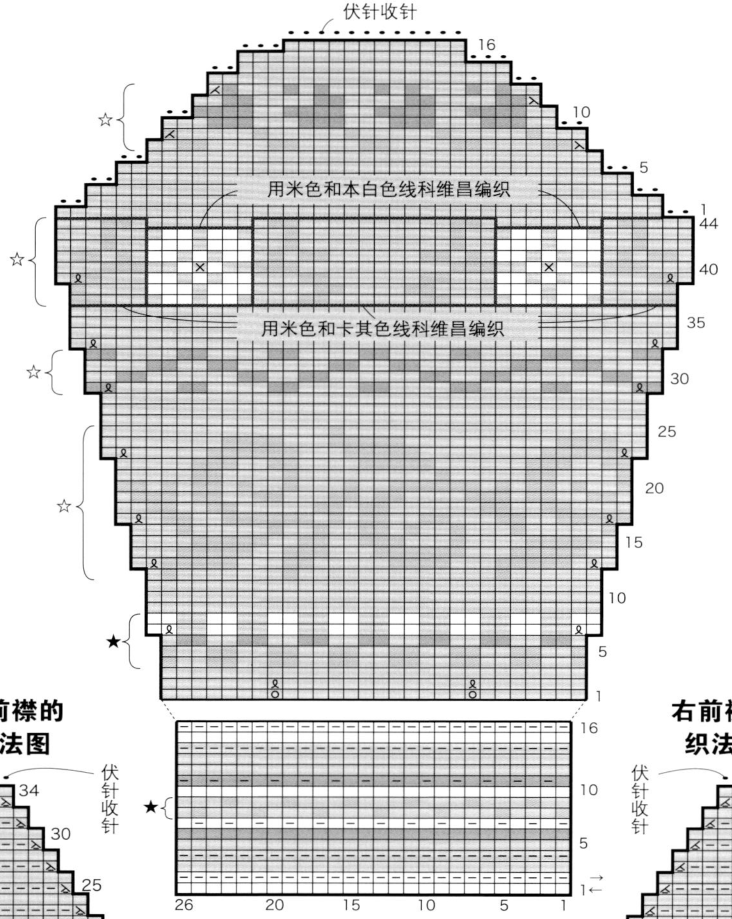

伏针收针

用米色和本白色线科维昌编织

用米色和卡其色线科维昌编织

右前襟的织法图

伏针收针

左前襟的织法图

伏针收针

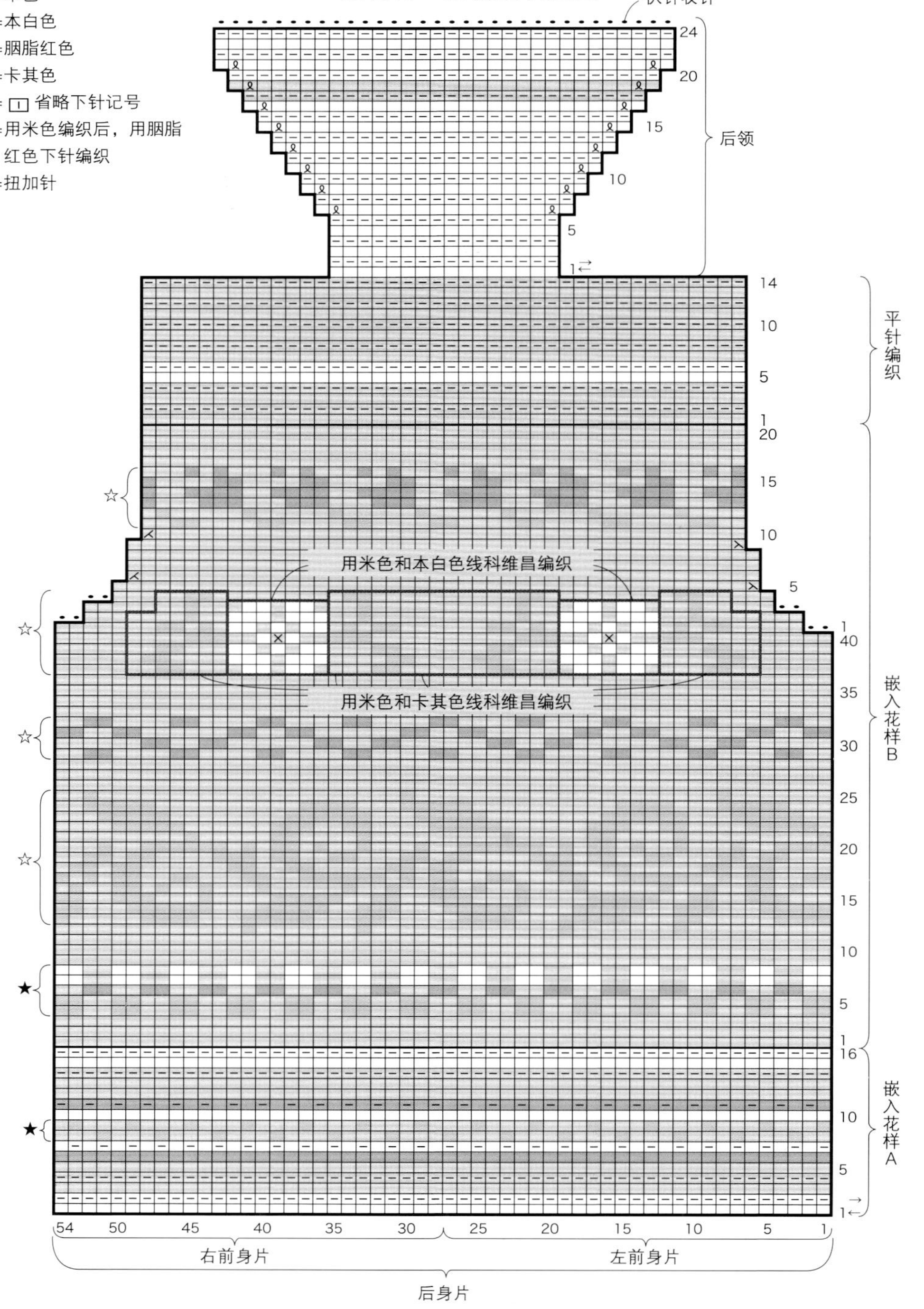

◆用线

Hamanaka（和麻纳卡）CANADIAN 3S
本白色（1）160g
深棕色（4）90g
粉色（12）90g
绿色（6）60g

◆其他材料

纽扣（直径25mm）5颗

◆用具

Hamanaka（和麻纳卡）Amiami圆头棒针2根
14号、12号
Hamanaka（和麻纳卡）Amiami双头钩针
RakuRaku 10/0号

◆标准针数（10cm见方）

嵌入花样 12针 15行

◆完成尺寸

胸围98.5cm 肩宽37cm 衣长55cm

◆编织方法

1.普通起针，用单罗纹编织、嵌入花样（科维昌编织）完成前后身片。
2.从前身片挑针，用单罗纹编织完成前襟，伏针收针。
3.从后身片挑针，用平针编织完成后领，伏针收针。
4.从后领挑针，用平针编织完成左右前领，伏针收针。
5.在领部做缘编织A。
6.肩部盖针订缝。
7.前领和前身片卷针订缝连接。
8.袖窿缘编织B编织。
9.钉缝纽扣。

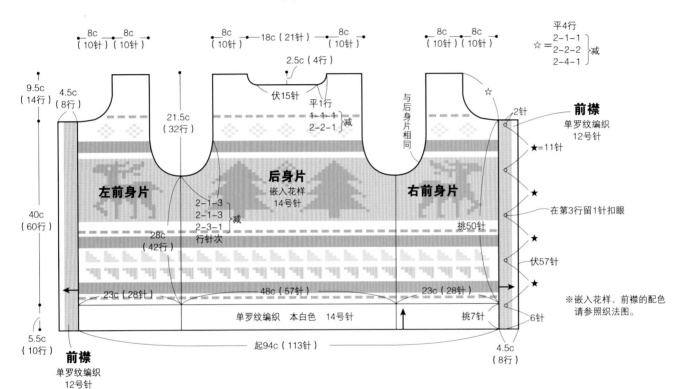

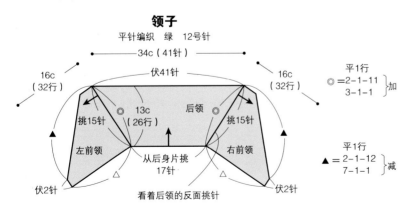

领子缘编织A的编织图

袖窿的编织图

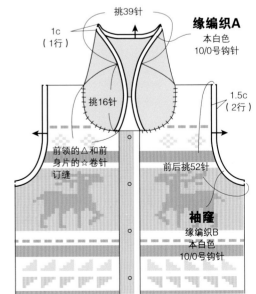

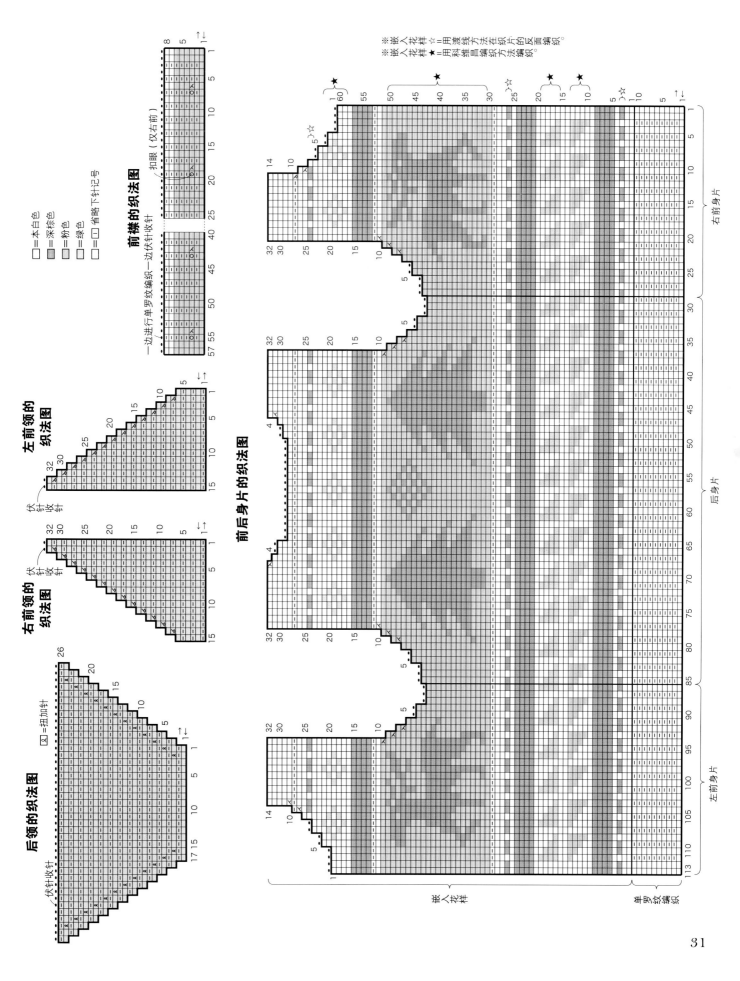

编织人生网
www.bianzhirensheng.com

织毛衣，就上编织人生！

开始编织前

＊版型图的解读

略　语

c=cm
起=起针
加=加针
减=减针
伏=伏针
留=留针
平=不加减针进行编织

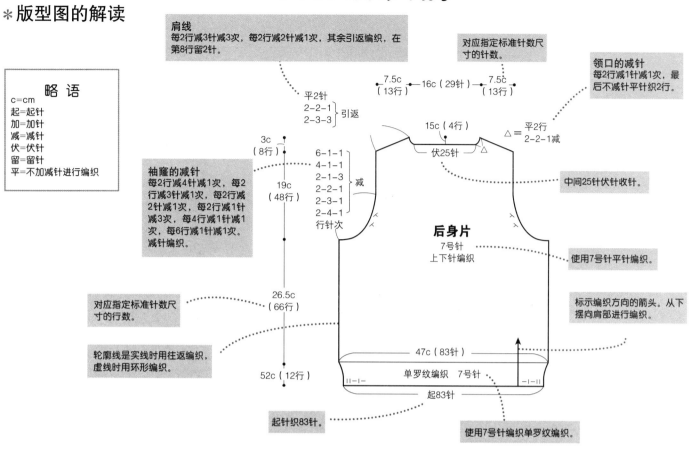

肩线
每2行减3针减3次，每2行减2针减1次，其余引返编织，在第8行留2针。

对应指定标准针数尺寸的针数。

领口的减针
每2行减1针减1次，最后不减针平针织2行。

平2针
2-2-1
2-3-3 引返

7.5c（13行）←16c（29针）→7.5c（13行）

△=平2行
2-2-1减

3c（8行）

15c（4行）

伏25针

袖隆的减针
每2行减4针减1次，每2行减3针减1次，每2行减2针减1次，每2行减1针减3次，每4行减1针减1次，每6行减1针减1次。减针编织。

6-1-1
4-1-1
2-1-3
2-2-1
2-3-1
2-4-1
行针次 减

中间25针伏针收针。

19c（48行）

后身片
7号针
上下针编织

使用7号针平针编织。

对应指定标准针数尺寸的行数。

26.5c（66行）

标示编织方向的箭头。从下摆向肩部进行编织。

轮廓线是实线时用往返编织，虚线时用环形编织。

47c（83针）

单罗纹编织　7号针

52c（12行）

起83针

起针织83针。

使用7号针编织单罗纹编织。

＊棒针织法图的解读

有记号的格子按照记号编织。

没有记号的格子是下针的省略。

□=□省略下针记号

纵向为行。行数从下向上数起。

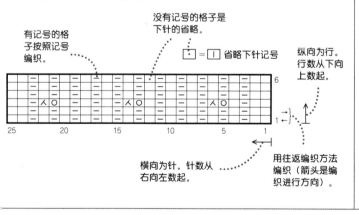

横向为针。针数从右向左数起。

用往返编织方法编织（箭头是编织进行方向）。

＊钩针织法图的解读

开始的锁针

纵向为行。行数从下向上数起。

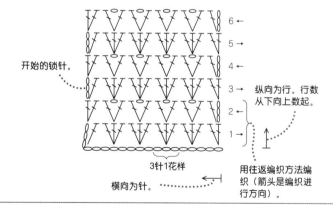

3针1花样

用往返编织方法编织（箭头是编织进行方向）。

横向为针。

＊关于标准针数

"标准针数"表示织片的密度，也就是10cm见方的正方形中的针数和行数。标准针数会根据编织者手劲的不同而发生变化，即使使用本书中指定的线和编织针，也不一定编织出相同的尺寸，因此必须进行试织来测量自己的标准针数。

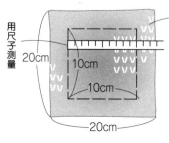

用尺子测量
20cm

试织的织片
（因为靠近织片边缘的部分织针的大小不整齐，所以需要编织边长20cm的正方形。）

10cm
10cm
20cm

以不把织针压扁的力度，用蒸汽熨斗轻轻熨烫，数中间边长10cm的正方形中的针数、行数。

※比本书中针数、行数多（织针紧）时换粗针，少（织针松）时换细针，以此来调节。

◆用线

Hamanaka（和麻纳卡）CANADIAN 3S
本白色（1）285g
浅棕色（3）75g

◆其他材料

纽扣（直径21mm）5颗

◆用具

Hamanaka（和麻纳卡）Amiami圆头棒针2根
14号、11号
Hamanaka（和麻纳卡）Amiami棒针4根 11号

◆标准针数（10cm见方）

上下针编织·嵌入花样A~C 13针 18行

◆完成尺寸

胸围97.5cm 肩宽36cm 衣长54.5cm

◆编织方法

1.普通起针，用单罗纹编织、上下针编织、嵌入花样A·B（科维昌编织）完成后身片。
2.普通起针，用单罗纹编织、上下针编织、嵌入花样A·C（科维昌编织）完成左右前身片。
3.从前身片挑针，用单罗纹编织完成前襟，伏针收针。
4.从后身片挑针，用平针编织完成后领，伏针收针。
5.从后领挑针，用平针编织完成左右前领，伏针收针。
6.肩部盖针订缝。
7.两胁挑针接缝（6根本白色线捻成1股作为缝线）。
8.前领和前身片、前襟卷针订缝连接。
9.袖窿用单罗纹编织，伏针收针。
10.钉缝纽扣。

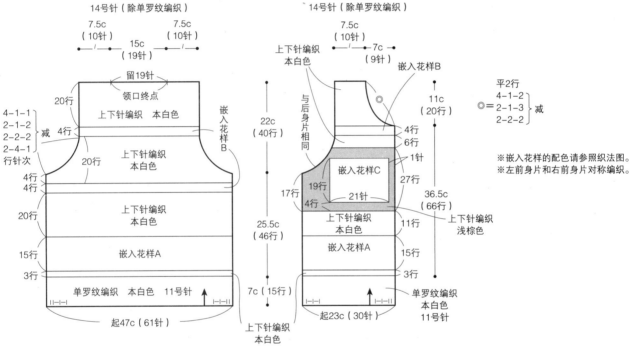

后身片

14号针（除单罗纹编织）

右前身片

14号针（除单罗纹编织）

※嵌入花样的配色请参照织法图。
※左前身片和右前身片对称编织。

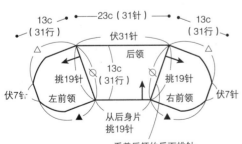

领子

平针编织 本白色 14号针

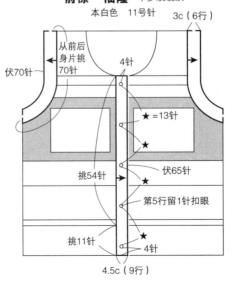

前襟·袖窿 单罗纹编织

本白色 11号针

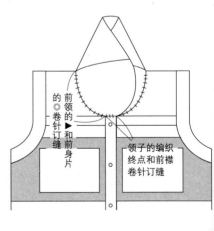

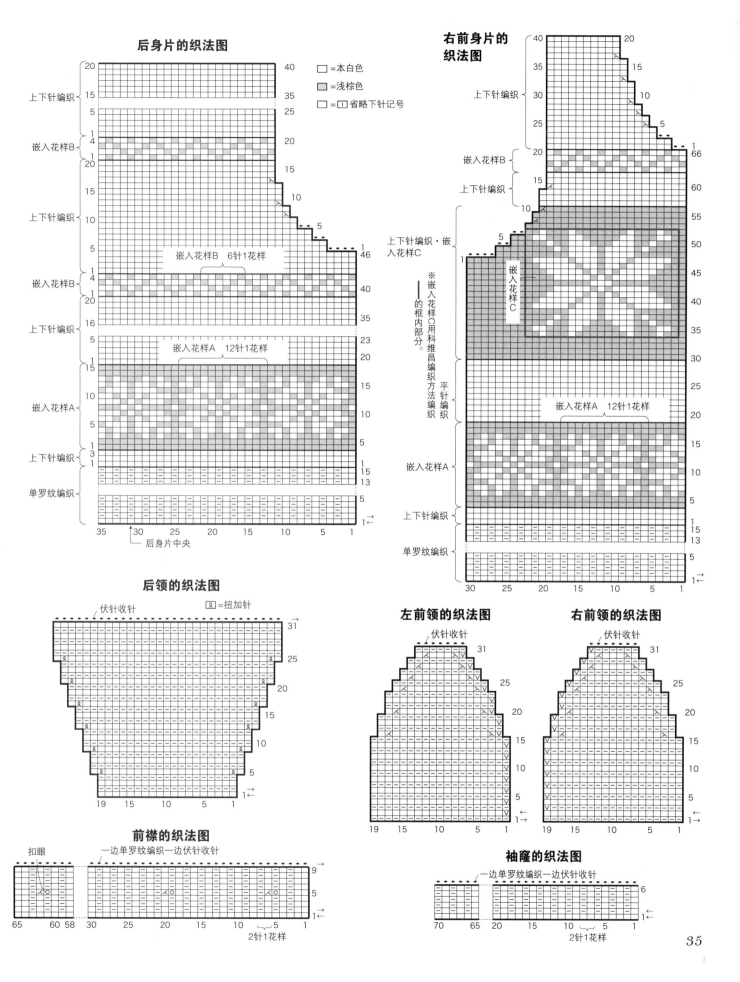

后身片的织法图

后领的织法图

前襟的织法图

右前身片的织法图

左前领的织法图

右前领的织法图

袖窿的织法图

35

◆**用线**
Hamanaka（和麻纳卡）CANADIAN 3S
深棕色（4）545g
本白色（1）170g
薄荷色（7）65g
绿色（6）55g
◆**其他材料**
纽扣（直径23mm）5颗
◆**用具**
Hamanaka（和麻纳卡）Amiami圆头棒针2根
13号
Hamanaka（和麻纳卡）Amiami双头钩针
RakuRaku 10/0号（编织领子的起针用）

◆**标准针数（10cm见方）**
嵌入花样 12.5针 17.5行
◆**完成尺寸**
胸围108cm 袖长74cm 衣长67cm
◆**编织方法**
1.普通起针，用平针编织、嵌入花样完成后身片、左右前身片、左右袖。
2.身片和袖窿用挑针接缝、上下针订缝。
3.两胁、袖下挑针接缝。
4.从前身片挑针，用平针编织完成前襟，伏针收针。
5.另线起针，用平针编织完成左右领子，伏针收针。
6.解开领子起针的同时挑针，反方向用相同方法编织，伏针收针。
7.用回针缝将领子连接在身片上。
8.钉缝纽扣。

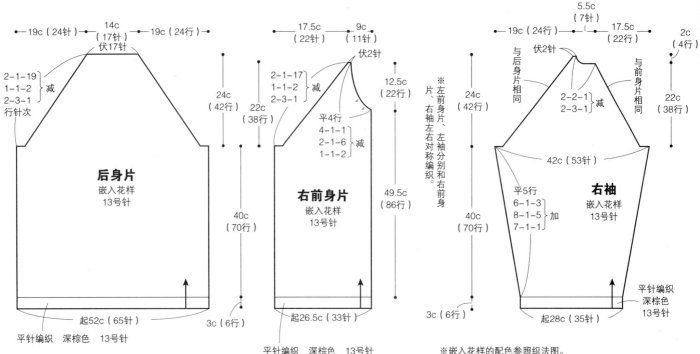

※嵌入花样的配色参照织法图。

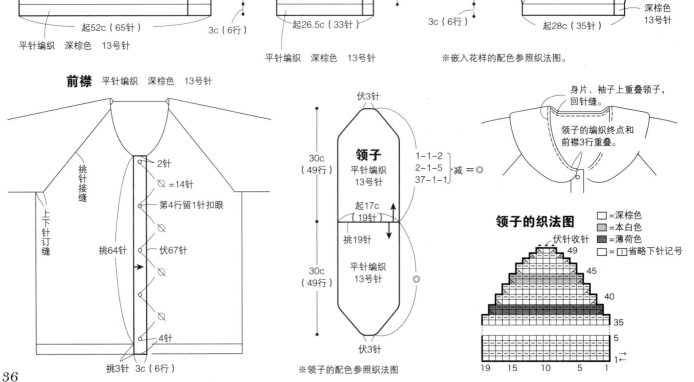

※领子的配色参照织法图

领子的织法图

□=深棕色
▨=本白色
▨=薄荷色
□=□省略下针记号

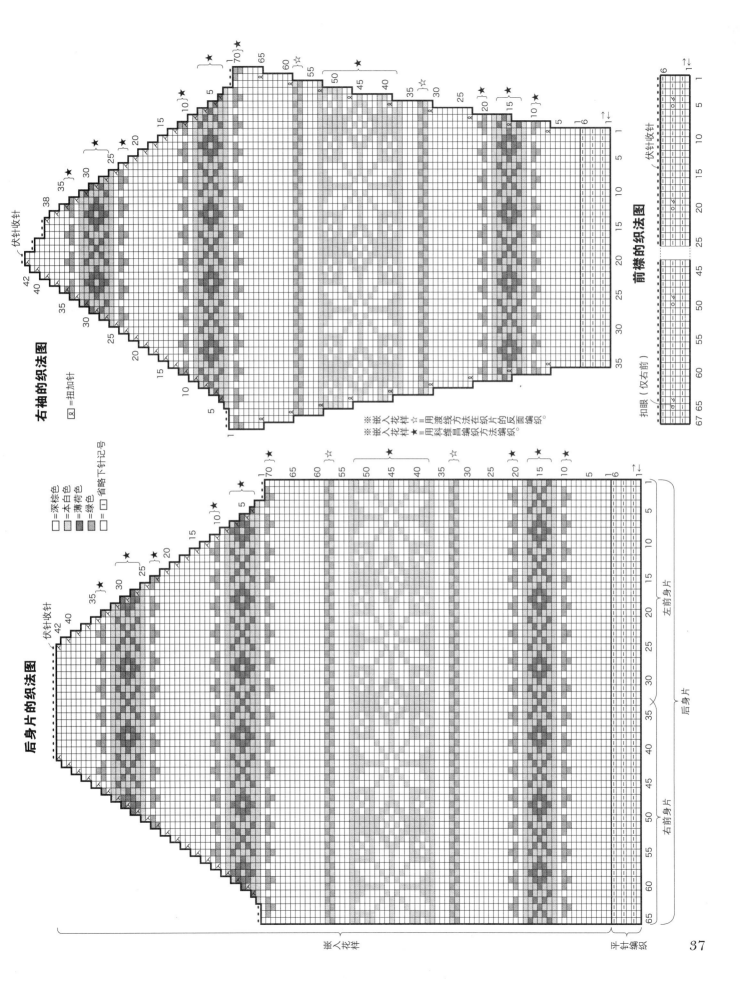

右袖的织法图

区 =扭加针

后身片的织法图

□=深棕色
□=本白色
□=薄荷色
□=绿色
□=□省略下针记号

前襟的织法图

伏针收针

扣眼（仅右前）

※※嵌入花样
☆=用渡线方法在织片反面编织。
★=用科维昌编织方法编织。

嵌入花样

平针编织

37

◆**用线**
Hamanaka（和麻纳卡）CANADIAN 3S
深棕色（4）275g
浅棕色（3）60g
薄荷色（7）35g
蓝色（8）20g
◆**其他材料**
开式拉链（47cm）1条
◆**用具**
Hamanaka（和麻纳卡）Amiami圆头棒针2根
14号、13号、12号
Hamanaka（和麻纳卡）Amiami双头钩针
RakuRaku 8/0号

◆**标准针数（10cm见方）**
嵌入花样 11针 14行
◆**完成尺寸**
胸围103cm 肩宽41cm 衣长64cm
◆**编织方法**
1.普通起针，用单罗纹编织、嵌入花样连续编织前后身片。
2.从前身片挑针，用短针编织前端。
3.从后身片挑针，用单罗纹编织完成后领，伏针收针。
4.从后领挑针，用平针编织完成左右前领，伏针收针。
5.肩部盖针订缝。
6.前领和前身片、前门卷针订缝连接。
7.连接拉链。

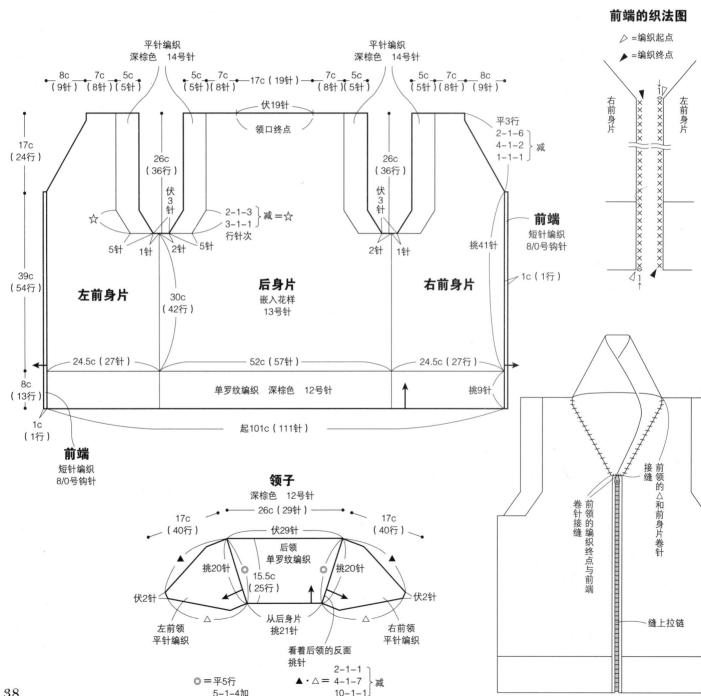

前端的织法图

△ =编织起点
▲ =编织终点

领子

深棕色 12号针

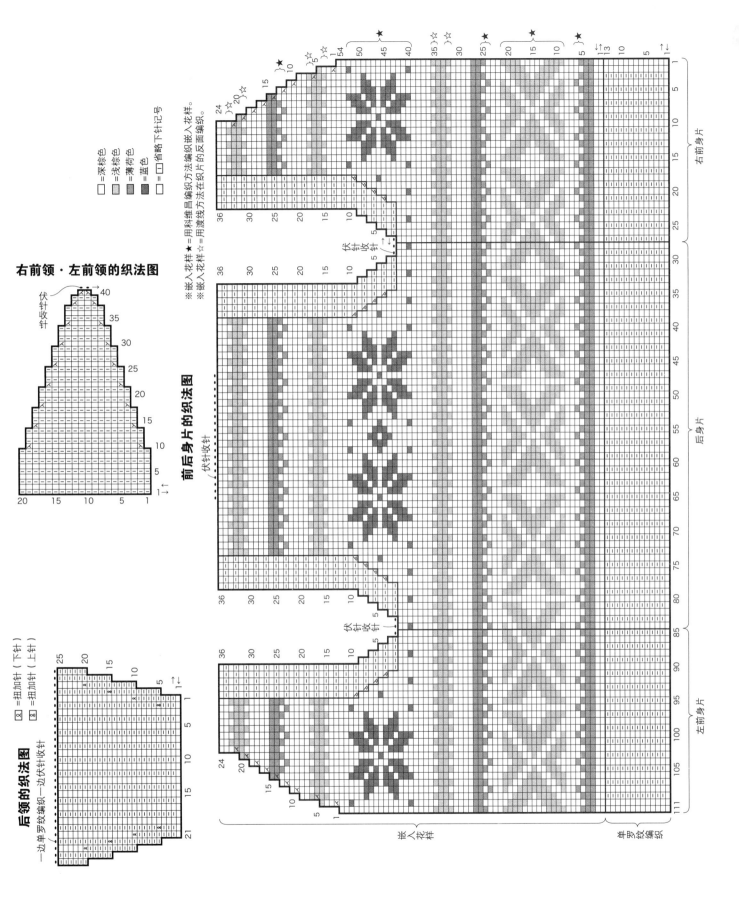

右前领·左前领的织法图

前后身片的织法图

后领的织法图

一边单罗纹编织一边伏针收针

☒ = 扭加针（下针）
☒ = 扭加针（上针）

□ = 深棕色
□ = 浅棕色
□ = 薄荷色
□ = 蓝色
□ = □省略下针记号

※嵌入花样 ★ = 用科维昌编织方法编织嵌入花样。
※嵌入花样 ☆ = 用渡线方法在织片的反面编织。

右前身片

后身片

左前身片

嵌入花样

单罗纹编织

◆**用线**
Hamanaka（和麻纳卡）CANADIAN 3S
深灰色（5）60g
灰色（2）30g

◆**用具**
Hamanaka（和麻纳卡）Amiami棒针4根 13号
Hamanaka（和麻纳卡）Amiami双头钩针
RakuRaku 10/0号

◆**标准针数**（10cm见方）
上下针编织·嵌入花样 11针 17行

◆**完成尺寸**
头围54.5cm

◆**编织方法**
1.普通起针，用平针编织、上下针编织、嵌入花样（科维昌编织）环形编织。
2.编织终点用拧针收针。
3.从起针挑针，用平针编织完成耳罩，伏针收针。
4.锁针编织饰带，连接到耳罩上。
5.制作绒球，缀在帽顶中央。

帽子
13号针
※嵌入花样的配色参照织法图。

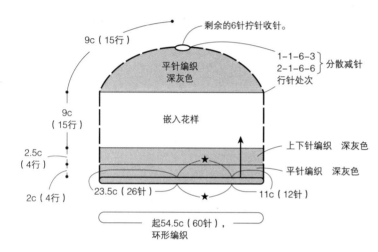

剩余的6针拧针收针。
9c（15行）
平针编织
深灰色
嵌入花样
1-1-6-3
2-1-6-6 分散减针
行针处次
9c
（15行）
上下针编织 深灰色
2.5c
（4行）
平针编织 深灰色
2c（4行）
23.5c（26针）
11c（12针）
起54.5c（60针），
环形编织

★=10c（11针）=编织耳罩的位置

耳罩（2片）
平针编织
13号针

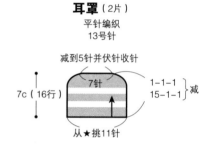

减到5针并伏针收针
7针
7c（16行）
1-1-1
15-1-1 减
从★挑11针

※配色参照织法图

饰带的织法图（2条）
深灰色·灰色各1根的2股线
10/0号钩针

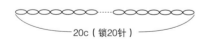

20c（锁20针）

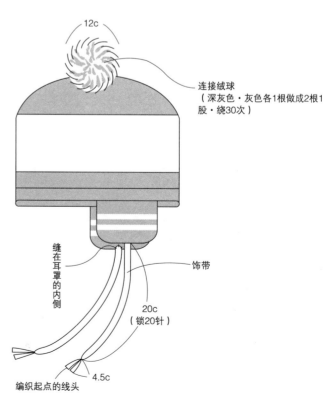

12c

连接绒球
（深灰色·灰色各1根做成2根1
股·绕30次）

缝在耳罩的内侧

饰带

20c
（锁20针）

编织起点的线头

4.5c

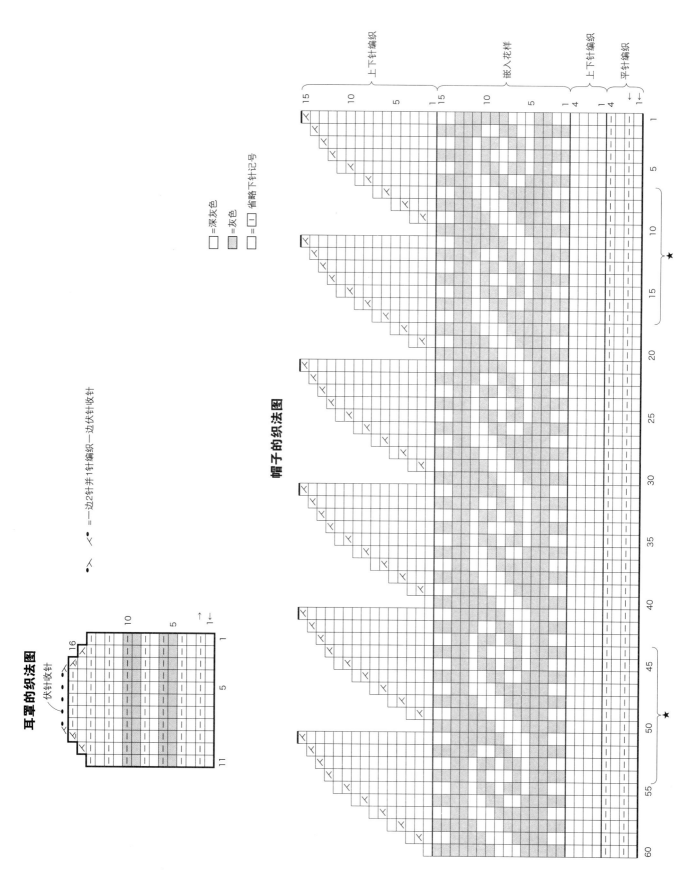

耳罩的织法图

伏针收针

帽子的织法图

上下针编织

嵌入花样

上下针编织

平针编织

□ =深灰色
▨ =灰色
□ =□ 省略下针记号

> 人 =一边2针并1针编织一边伏针收针

◆用线
Hamanaka（和麻纳卡）ARANTWEED
本白色（1）500g
◆其他材料
纽扣（直径20mm）6颗
◆用具
Hamanaka（和麻纳卡）Amiami圆头棒针2根
8号、6号
Hamanaka（和麻纳卡）Amiami双头钩针
RakuRaku 8/0号（连接袖子用）
◆标准针数（10cm见方）
嵌入花样A 17针 25.5行

◆完成尺寸
胸围103.5cm 肩宽41cm 衣长60cm 袖长52.5cm
◆编织方法
1.普通起针，用平针编织、双罗纹编织、花样编织A~E、上下针编织完成后身片、左右前身片。
2.普通起针，用平针编织、双罗纹编织、花样编织A~E完成袖子。
3.肩部盖针订缝。
4.两胁、袖下挑针接缝。
5.领子和前襟用平针编织完成，伏针收针。
6.将袖子用引拔缝合到身片上。
7.钉缝纽扣。

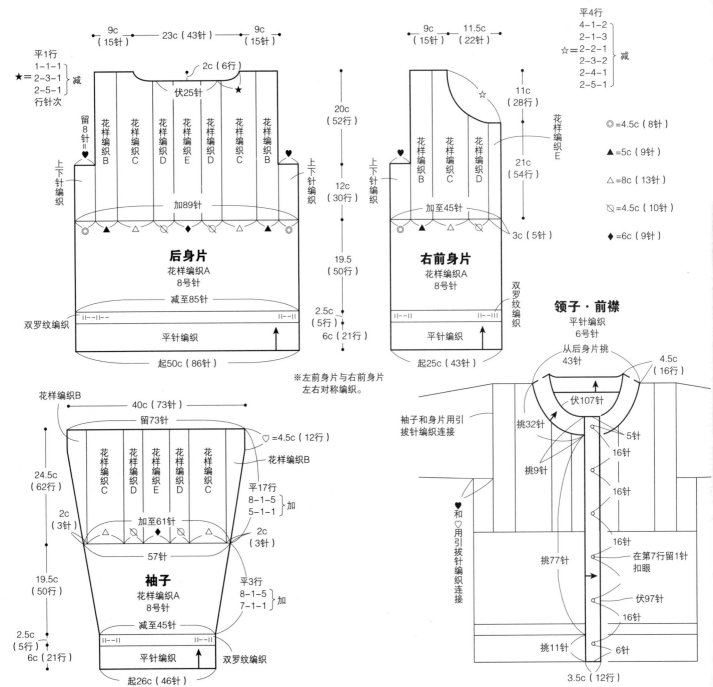

平针编织·双罗纹编织的织法图

□=①省略下针记号

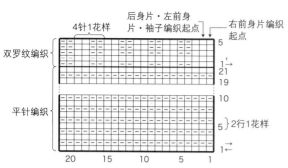

双罗纹编织
平针编织

4针1花样
后身片·左前身片·袖子编织起点
右前身片编织起点

2行1花样

花样编织A的织法图

□=①省略下针记号

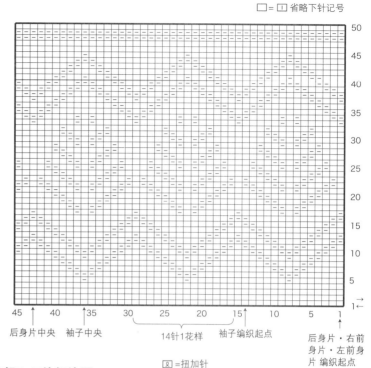

后身片中央　袖子中央
14针1花样　袖子编织起点
后身片·右前身片·左前身片 编织起点

☑=扭加针
□=①省略下针记号

袖子和身片的连接方法

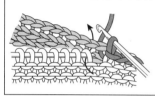

将袖子与身片正面相对重合，按照箭头将针插入，2片一起引拔针编织。

上下针编织·花样编织B~E的织法图

| 上下针编织 | 花样编织B | 花样编织C | 花样编织D | 花样编织E | 花样编织D | 花样编织C | 花样编织B | 上下针编织 |

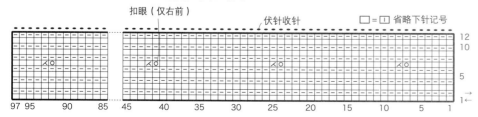

右前身片　　左前身片　袖子编织起点
后身片

40针1花样 花样编织C
4行1花样 花样编织B·D·E

前襟的织法图

扣眼（仅右前）
伏针收针
□=①省略下针记号

领子的织法图

伏针收针
□=①省略下针记号

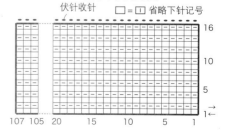

◆用线
Hamanaka（和麻纳卡）Sonomono ROVING
深灰色（95）435g
◆其他材料
纽扣（直径23mm）4颗
◆用具
Hamanaka（和麻纳卡）Amiami圆头棒针2根 11号
Hamanaka（和麻纳卡）Amiami棒针4根 11号
扭花针
◆标准针数
反面上下针编织（10cm见方）15.5针 20行
花样编织 1花样（6针）=3cm 20行=10cm
◆完成尺寸
衣长49.5cm
◆编织方法
1.普通起针，用反面上下针编织、花样编织完成
　育克。
2.从育克挑针，用反面上下针编织、花样编织、
　平针编织完成前后身片，伏针收针。
3.从育克、前后身片挑针，用反面上下针编织、
　花样编织、平针编织完成袖子，伏针收针。
4.用平针编织完成领子，伏针收针。
5.用平针编织完成前襟，伏针收针。
6.钉缝纽扣。

育克 11号针

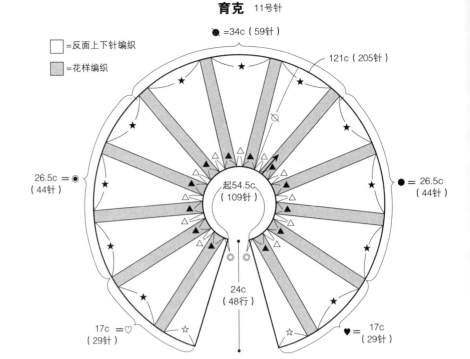

□ =反面上下针编织
▨ =花样编织

● =34c（59针）
121c（205针）
26.5c =◉（44针）
● = 26.5c（44针）
起54.5c（109针）
24c（48行）
17c =♡（29针）
♥ =17c（29针）

◎ =1c（2针）　　▲ =3c（6针）　　△ =1.5c（3针）
☆ =4c（6针）　　★ =7c（11针）

平1行
◊ = 6-1-12-7
　　5-1-12-1 分散加针
行针处次

□ =□ 省略上针记号

前后身片的织法图

伏针收针

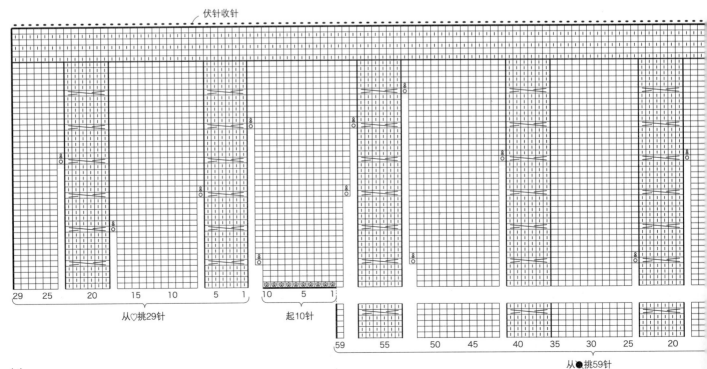

29 25 20 15 10 5 1
从♡挑29针

10 5 1
起10针

59 55 50 45 40 35 30 25 20
从●挑59针

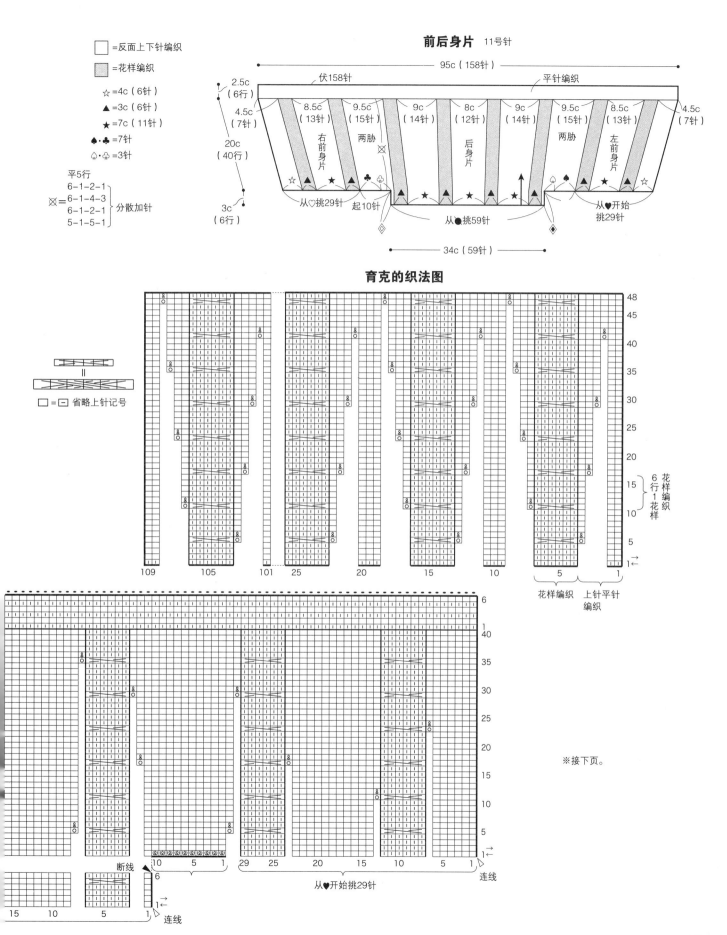

前后身片　11号针

反面上下针编织
花样编织

☆=4c（6针）
▲=3c（6针）
★=7c（11针）
♠•♣=7针
♤•♧=3针

平5行
6-1-2-1
⊠= 6-1-4-3
　　6-1-2-1
　　5-1-5-1 }分散加针

95c（158针）
伏158针　　　平针编织
2.5c（6行）
4.5c（7针）
8.5c（13针）　9.5c（15针）　9c（14针）　8c（12针）　9c（14针）　9.5c（15针）　8.5c（13针）　4.5c（7针）
20c（40行）
右前身片　两胁　后身片　两胁　左前身片
☆▲★▲♣♤⊠▲★♠★♠★♠♤♠▲★▲☆
从♡挑29针　起10针　从●挑59针　从♥开始挑29针
3c（6行）
34c（59针）

育克的织法图

‖
□ =⊡ 省略上针记号

花样编织 1花样 6行

花样编织　上针平针编织

109　105　101　25　20　15　10　5　1

※接下页。

断线
连线
15　10　5　1　连线
10　5　1
29　25　20　15　10　5　1
从♥开始挑29针　连线

45

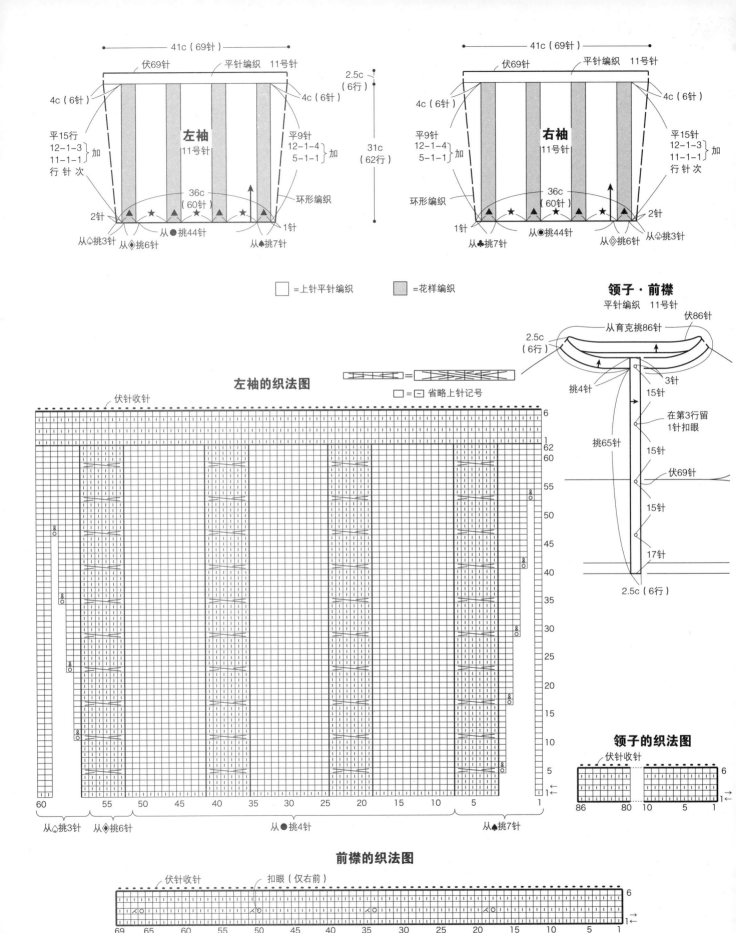

左袖的织法图

领子·前襟

领子的织法图

前襟的织法图

□ = 上针平针编织   = 花样编织

□ = 省略上针记号

◆用线
Hamanaka（和麻纳卡）Sonomono ALPACA
WOOL
本白色（41）870g
◆其他材料
纽扣（直径21mm）5颗
◆用具
Hamanaka（和麻纳卡）Amiami圆头棒针2根
10号、8号、7号
Hamanaka（和麻纳卡）Amiami双头钩针
RakuRaku 10/0号（起针用）
扭花针
◆标准针数
花样编织A 10cm见方 17针 25行
花样编织B 1花样（26针）=11cm 25行=10cm
花样编织C 1花样（26针）=12cm 25行=10cm
花样编织D 1花样（10针）=4cm 25行=10cm

◆完成尺寸
胸围94.5cm 袖长75.5cm 衣长67cm
◆编织方法
1.普通起针，用扭花单罗纹编织、花样编织完成后身片、左右前身片、袖子。编织前身片的中途，另线嵌入编织衣兜的位置。
2.解开衣兜位置的另线的同时挑针，用扭花单罗纹编织完成兜口，用反面上下针编织完成衣兜，伏针收针。
3.将衣兜口的两边用挑针接缝到身片上。
4.将衣兜包缝到身片的反面。
5.身片和袖子挑针接缝，上下针订缝。
6.两胁、袖下挑针接缝。
7.另线起针，用平针编织完成领子·前襟，伏针收针。
8.解开领子起针的同时挑针，反方向用相同方法编织，伏针收针。
9.将领子·前襟挑针接缝到身片上，针和行分别相连。
10.钉缝纽扣。

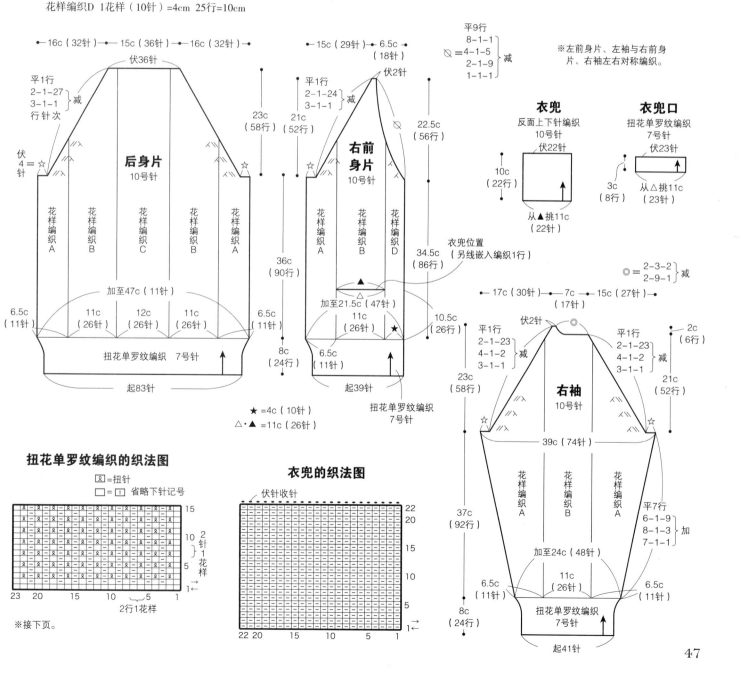

扭花单罗纹编织的织法图

図=扭针
□=□ 省略下针记号

衣兜的织法图

※接下页。

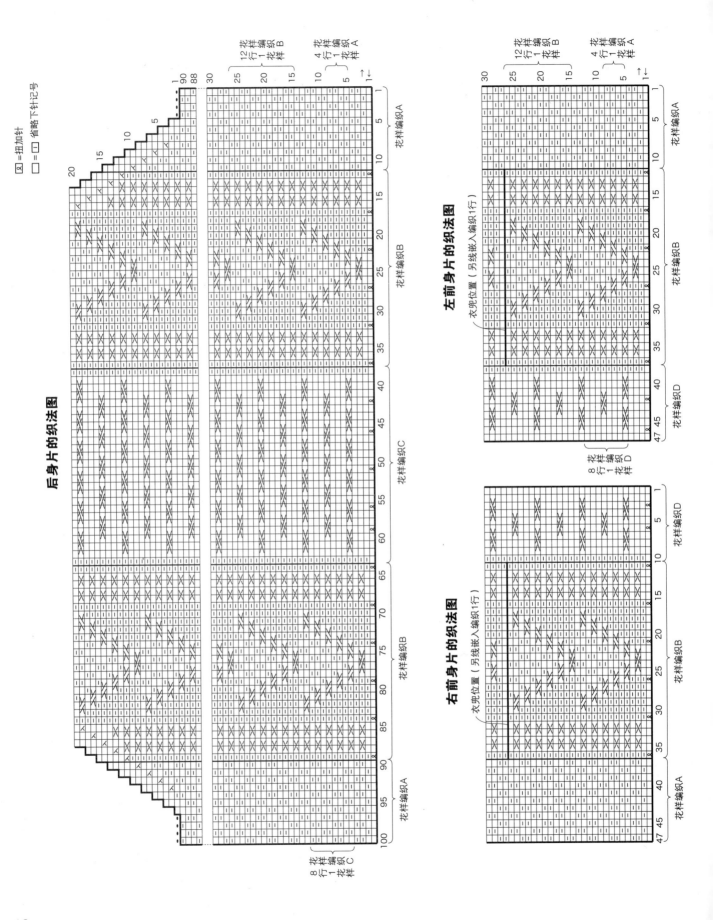

後身片的織法圖

左前身片的織法圖

右前身片的織法圖

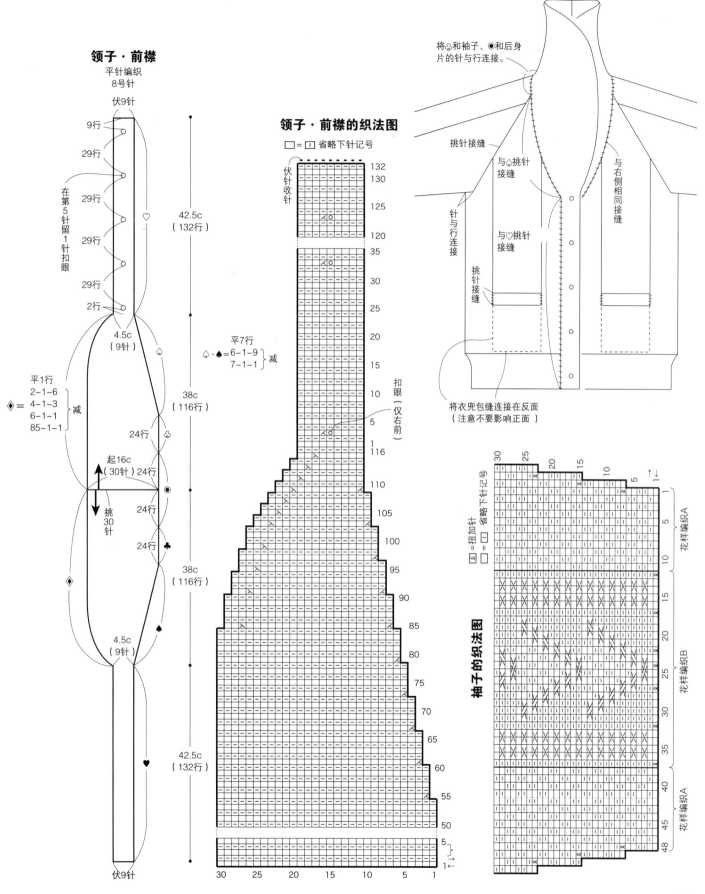

领子·前襟

平针编织
8号针

伏9针

9行
29行
29行
29行
29行
2行

在第5针留1针扣眼

42.5c
（132行）

4.5c
（9针）

◆ = 平1行
2-1-6
4-1-3
6-1-1
85-1-1 }减

38c
（116行）

24行

24行

起16c
（30针）

挑30针

24行

24行

♠ = 平7行
6-1-9
7-1-1 }减

38c
（116行）

4.5c
（9针）

42.5c
（132行）

伏9针

领子·前襟的织法图

□ = □ 省略下针记号

伏针收针

132
130
125
120
35
30
25
20
15
10
5
1
116
110
105
100
95
90
85
80
75
70
65
60
55
50
5
1

扣眼
（仅右前）

30 25 20 15 10 5 1

将♣和袖子、◉和后身片的针与行连接。

挑针接缝

与♣挑针接缝

针与行连接

与♡挑针接缝

挑针接缝

挑针接缝

与右侧相同接缝

将衣兜包缝连接在反面
（注意不要影响正面）

袖子的织法图

☒ = 扭加针
□ = □ 省略下针记号

30 25 20 15 10 5 1↓

花样编织A
5
10
15
花样编织B
20
25
30
35
花样编织A
40
45
48

1↑

49

◆用线
Hamanaka（和麻纳卡）CANADIAN 3S
藏青色（15）675g
◆其他材料
纽扣（直径23mm）6颗
◆用具
Hamanaka（和麻纳卡）Amiami圆头棒针2根
14号、13号
Hamanaka（和麻纳卡）Amiami棒针4根 14号
※前襟·领子针数较多，用2根棒针不能全
部穿完，所以用4根棒针。
◆标准针数（10cm见方）
花样编织 11针 18行
◆完成尺寸

胸围105.5cm 袖长70.5cm 衣长61.5cm
◆编织方法
1.普通起针，用双罗纹编织、花样编织完成后身片、左右前身片、袖子。编织前身片的中
途，另线嵌入编织衣兜的位置。
2.解开衣兜位置的另线的同时挑针，用双罗纹编织完成兜口，用上下针编织完成衣兜，伏
针收针。
3.将衣兜口的两边用挑针接缝到身片上。
4.将衣兜包缝到身片的反面。
5.身片和袖子挑针接缝，上下针订缝。
6.两胁、袖下挑针接缝。
7.从前后身片、袖子挑针，用双罗纹编织完成前襟·领子，伏针收针。
8.钉缝纽扣。

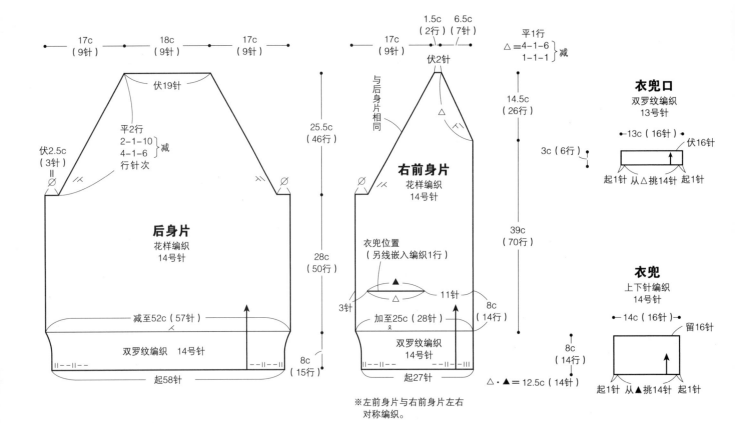

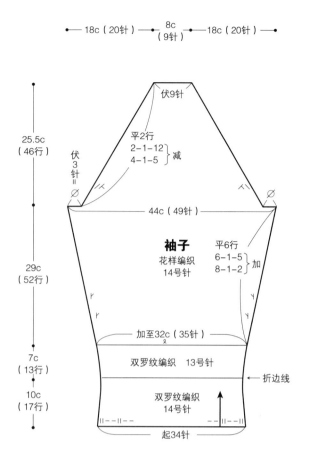

● — 18c（20针）— ● 8c ●— 18c（20针）— ●
（9针）

伏9针

平2行
2-1-12 } 减
4-1-5

伏3针=∅

44c（49针）

袖子
花样编织
14号针

平6行
6-1-5 } 加
8-1-2

25.5c
（46行）

29c
（52行）

加至32c（35针）

双罗纹编织 13号针

折边线

双罗纹编织
14号针

7c
（13行）

10c
（17行）

起34针

前襟·领子

双罗纹编织
14号针

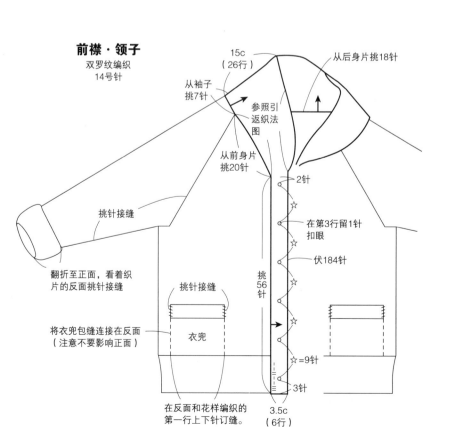

15c
（26行）

从后身片挑18针

从袖子
挑7针

参照引
返织法
图

从前身片
挑20针

2针

在第3行留1针
扣眼

伏184针

挑
56
针

挑针接缝

翻折至正面，看着织
片的反面挑针接缝

挑针接缝

将衣兜包缝连接在反面
（注意不要影响正面）

衣兜

在反面和花样编织的
第一行上下针订缝。

☆=9针

3针

3.5c
（6行）

领子·前襟的织法图

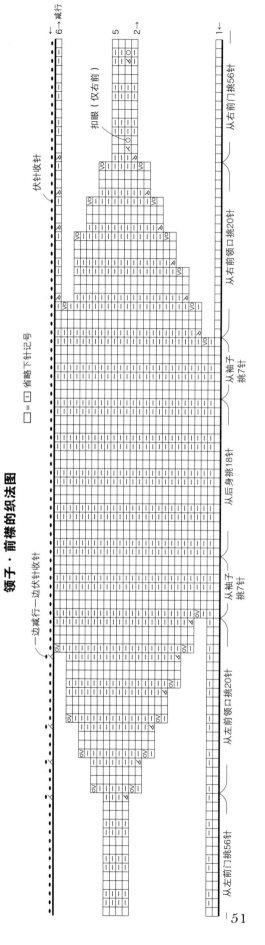

6→减行

5

2

扣眼（仅右前）

伏针收针

□=□ 省略下针记号

一边减行一边伏针收针

从右前门挑56针

从右前领口挑20针

从袖子
挑7针

从后身片18针

从袖子
挑7针

从左前领口挑20针

从左前门挑56针

1→

51

◆用线
Hamanaka（和麻纳卡）ARANTWEED
驼色（7）430g
◆其他材料
纽扣（直径23mm）2颗
◆用具
Hamanaka（和麻纳卡）Amiami圆头棒针2根
8号
Hamanaka（和麻纳卡）Amiami双头钩针
RakuRaku 7/0号
◆标准针数（10cm见方）
花样编织A·B 17针 24行

◆完成尺寸
袖长50.5cm 衣长37.5cm
◆编织方法
1.普通起针，用平针编织、花样编织A·B完成前后身片。
2.普通起针，用平针编织、花样编织B完成袖子。
3.在下摆上进行短针编织。
4.袖下挑针接缝。
5.将袖子上下针订缝到身片上。
6.编织扣环，缝在身片的反面。
7.钉缝纽扣。

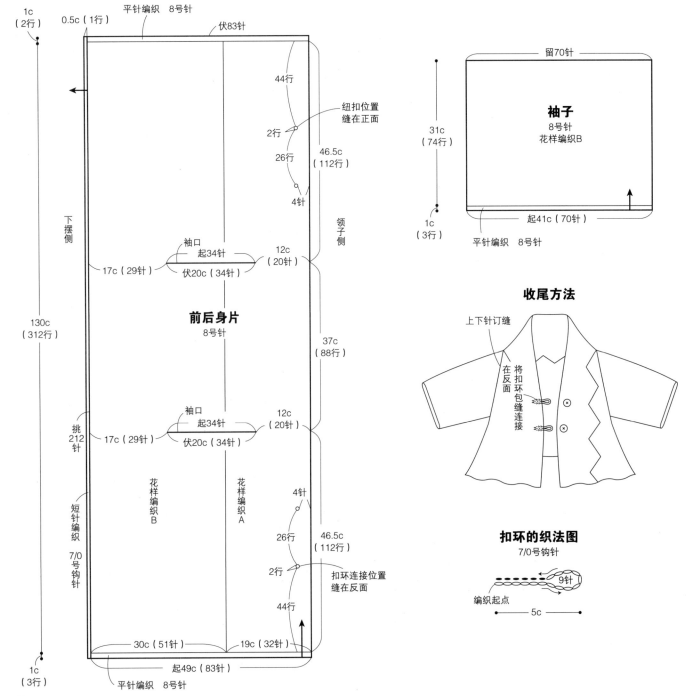

前后身片的织法图

□ = ⊡ 省略下针记号

一边编织上针一边伏针收针

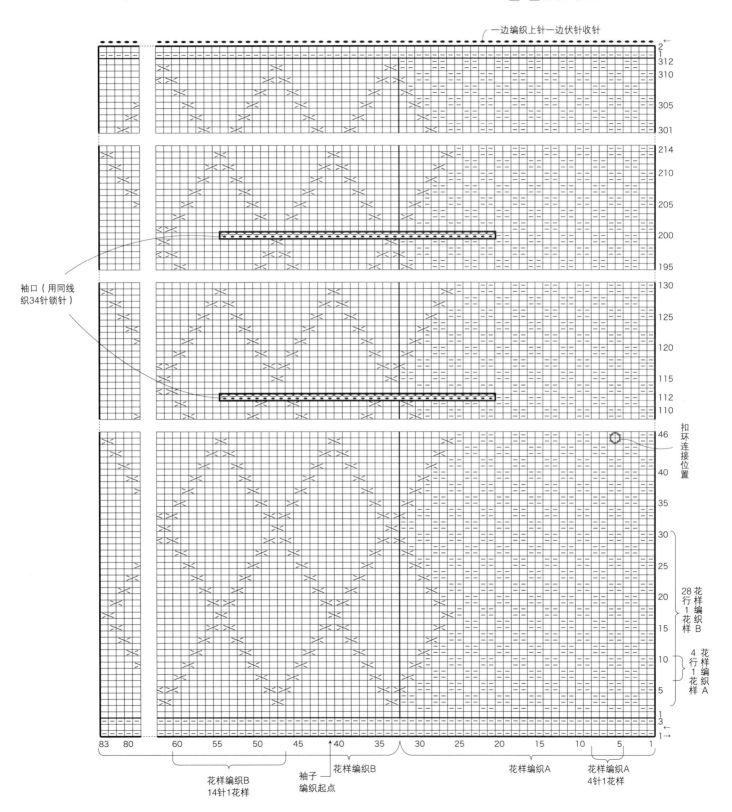

袖口（用同线
织34针锁针）

扣环
连接位置

28行1花样 花样编织B

4行1花样 花样编织A

花样编织B
14针1花样

袖子
编织起点

花样编织B

花样编织A

花样编织A
4针1花样

◆**用线**
Hamanaka（和麻纳卡）ARANTWEED
胭脂红色（6）80g
◆**用具**
Hamanaka（和麻纳卡）Amiami棒针4根
8号、6号
◆**标准针数（10cm见方）**
花样编织 20针 23行

◆**完成尺寸**
头围52cm
◆**编织方法**
1.普通起针，用扭花单罗纹编织、花样编织将贝雷帽环形编织。
2.编织终点用拧针收针。
3.制作绒球，缀缝在帽顶。

贝雷帽

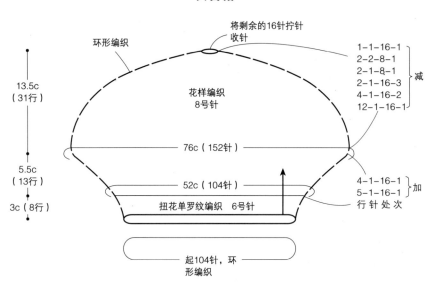

将剩余的16针拧针
收针

环形编织

花样编织
8号针

13.5c
（31行）

5.5c
（13行）

3c（8行）

76c（152针）

52c（104针）

扭花单罗纹编织 6号针

起104针，环
形编织

1-1-16-1	
2-2-8-1	
2-1-8-1	减
2-1-16-3	
4-1-16-2	
12-1-16-1	

4-1-16-1	加
5-1-16-1	
行 针 处 次	

收尾方法

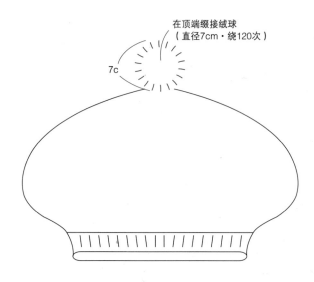

在顶端缀接绒球
（直径7cm・绕120次）

7c

贝雷帽的织法图

□＝□省略上针记号
□＝扭针（下针）
□＝扭加针（下针）
□＝扭加针（上针）

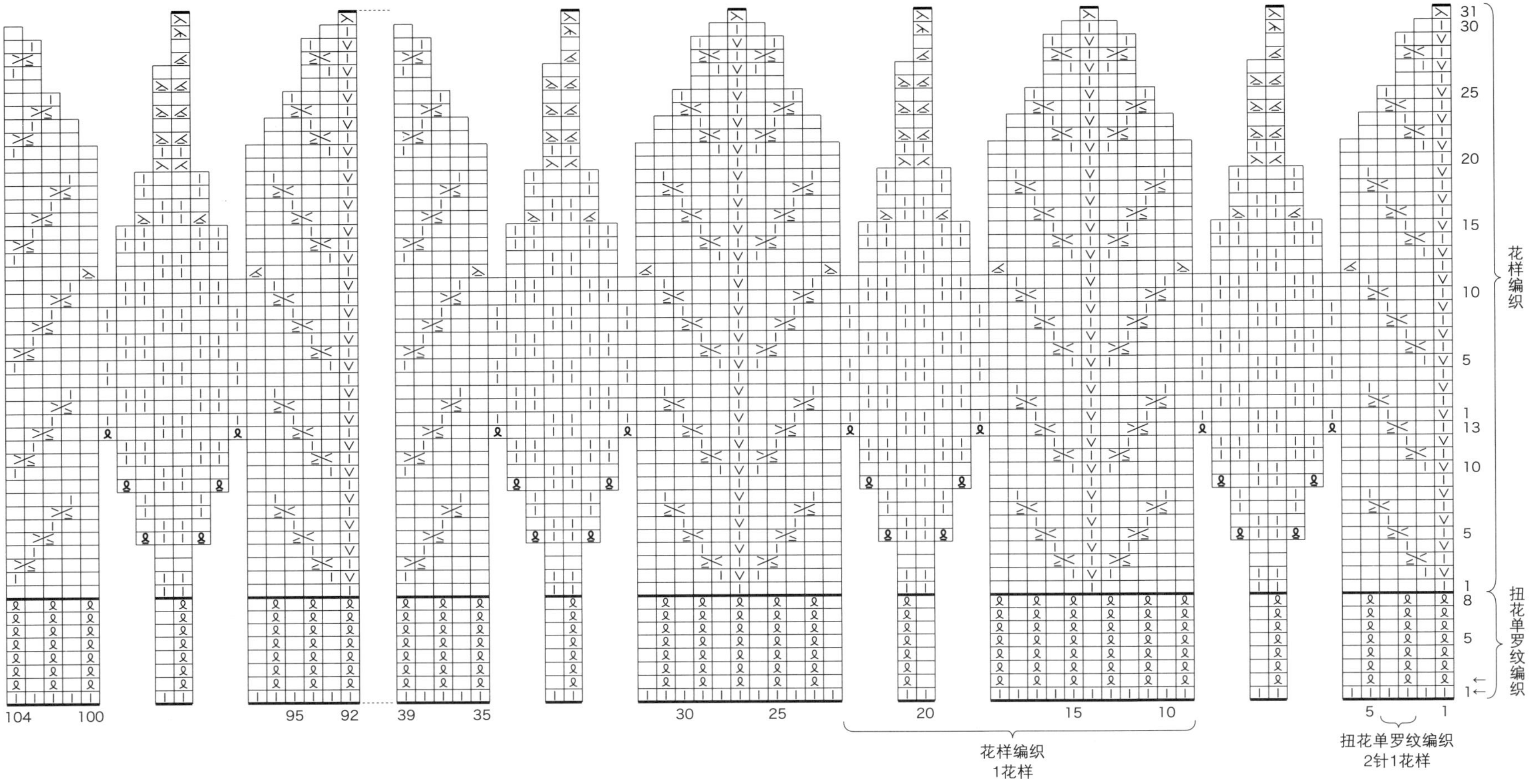

31
30
25
20
15
10
5
1
13
10
5
1
8
5
1
花样编织
扭花单罗纹编织
104
100
95
92
39
35
30
25
20
15
10
5
1
花样编织
1花样
扭花单罗纹编织
2针1花样

◆**用线**

Hamanaka（和麻纳卡）GRAND-ETOFFE

深灰色（104）640g

◆**其他材料**

纽扣（直径24mm）3颗

◆**用具**

Hamanaka（和麻纳卡）Amiami圆头棒针2根

15号、12号

Hamanaka（和麻纳卡）Amiami棒针4根15号

※后身片针数较多，用2根棒针不能全部穿

完，所以用4根棒针。

◆**标准针数（10cm见方）**

上下针编织 11.5针 16行

◆**完成尺寸**

胸围104.5cm 袖长58.5cm 衣长72cm

◆**编织方法**

1.普通起针，用平针编织、上下针编织完成后身片、左右前身片。

2.肩部、袖上盖针订缝。

3.两胁、袖下挑针接缝。

4.从前后身片挑针，用平针编织、平针编织完成兜头帽，编织终点盖针订缝。

5.钉缝纽扣。

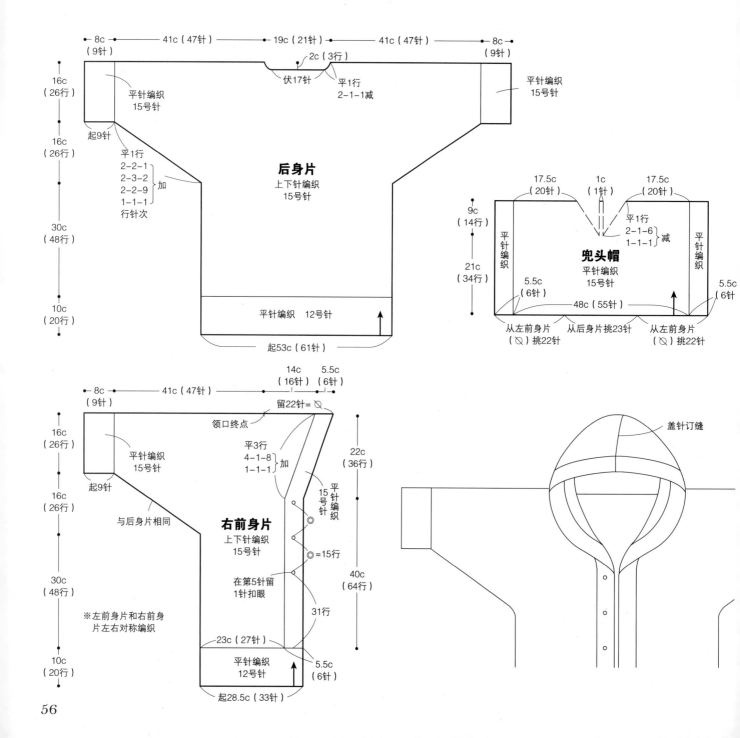

右前身片的织法图

区 =扭加针
□ = □ 省略下针记号

平针编织　　　　　　　　　上下针编织　　　　　　平针编织

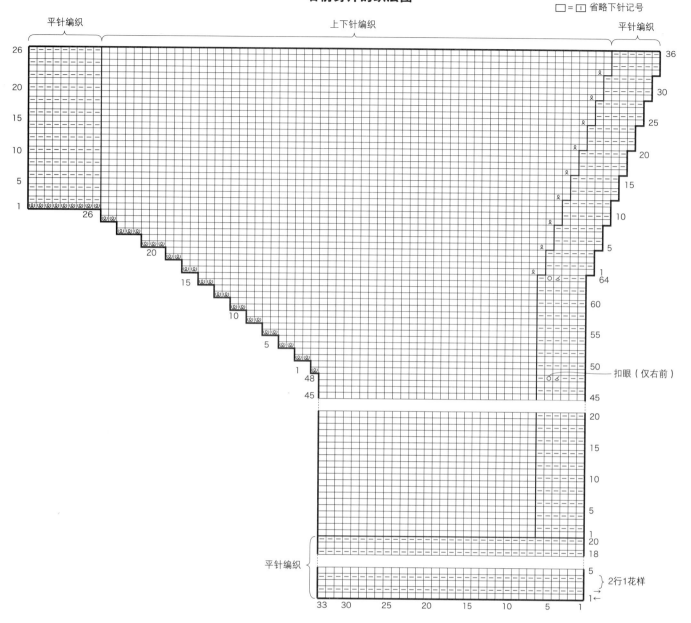

扣眼（仅右前）

平针编织

2行1花样

兜头帽的织法图

□ = □ 省略下针记号

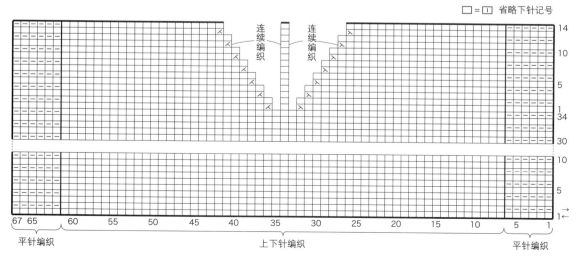

连续编织　连续编织

平针编织　　　　上下针编织　　　　平针编织

57

◆**用线**
Hamanaka（和麻纳卡） ARANTWEED
浅褐色（2）600g
◆**其他材料**
纽扣（直径30mm）2颗
◆**用具**
Hamanaka（和麻纳卡）Amiami圆头棒针2根
8号、6号
Hamanaka（和麻纳卡）Amiami双头钩针
RakuRaku 6/0号（接缝用）
扭花针
◆**标准针数**
花样编织A 1花样（12针）=5cm 24行=10cm

花样编织B（10cm见方） 19针 24行
◆**完成尺寸**
衣长59.5cm
◆**编织方法**
1.普通起针，用双罗纹编织、花样编织A·B完成后身片、右前身片、右兜头帽、左前身片、左兜头帽。
2.肩部引拔订缝。
3.两胁挑针接缝。
4.兜头帽编织终点引拔订缝。
5.兜头帽的后面挑针接缝。
6.解开兜头帽起针的同时挑针，后身片和兜头帽上下针订缝。

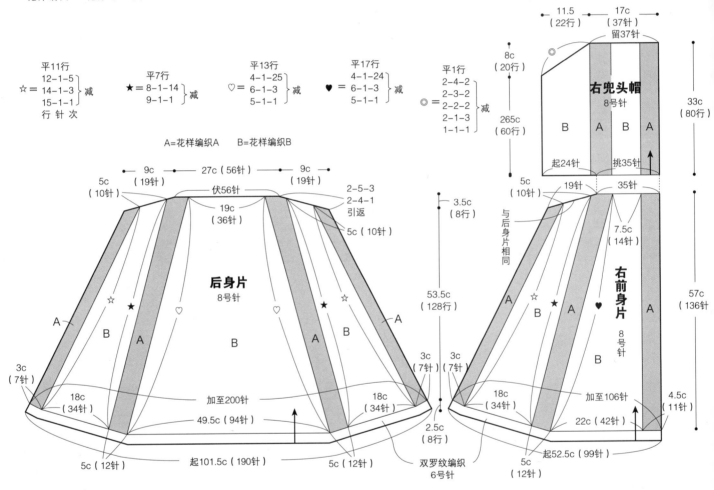

※左前身片·左兜头帽和右前身片·右兜头帽左右对称编织。

双罗纹编织的织法图

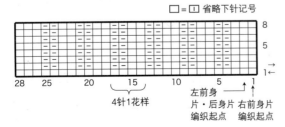

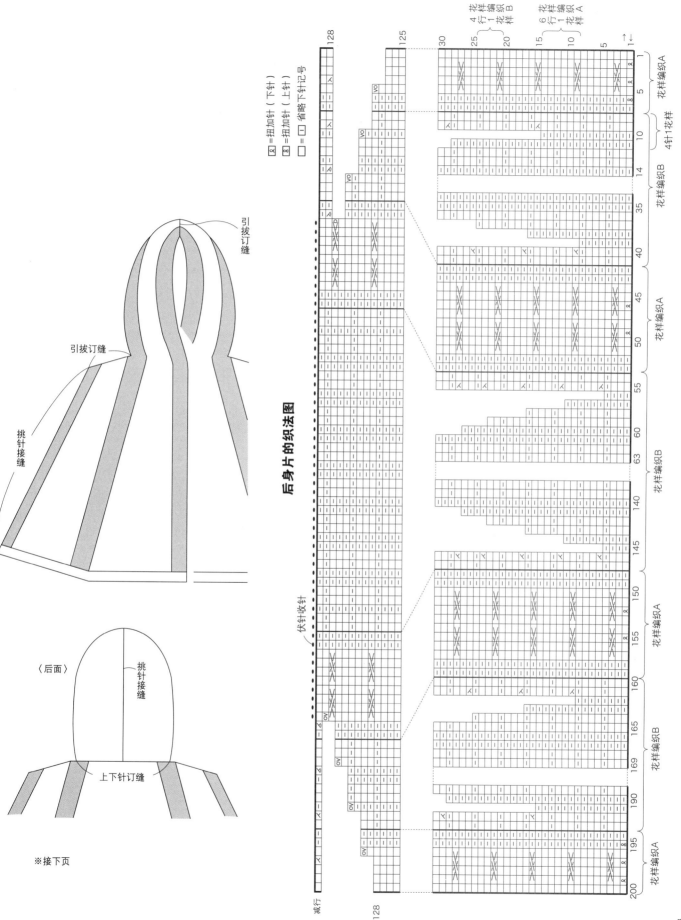

后身片的织法图

引拔订缝

引拔订缝

挑针接缝

〈后面〉

挑针接缝

上下针订缝

※接下页

区=扭加针（下针）
图=扭加针（上针）
□=□省略下针记号

伏针收针

减行

128

125

花样编织B
4行1花样

花样编织A
6行1花样

花样编织A

4针1花样

花样编织B

花样编织A

花样编织B

花样编织A

花样编织B

花样编织A

128

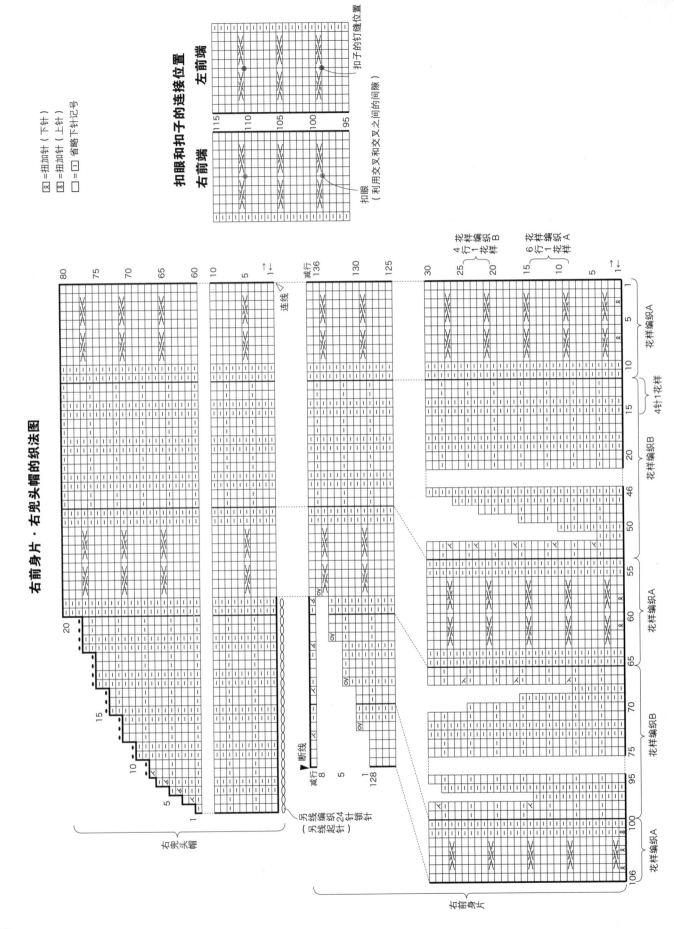

◆**用线**
Hamanaka（和麻纳卡）CANADIAN 3S
深棕色（4）130g

◆**用具**
Hamanaka（和麻纳卡）Amiami棒针4根 13号

◆**标准针数**（10cm见方）
单罗纹编织 11针 17行

◆**完成尺寸**
长度40cm

◆**编织方法**
1.普通起针，用单罗纹编织将长筒针织暖腿套环形编织。
2.编织终点伏针收针。

长筒针织暖腿套的织法图

□ = Ⅰ 省略下针记号

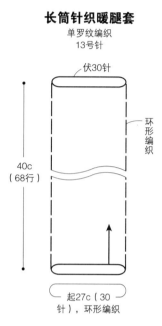

长筒针织暖腿套

单罗纹编织
13号针

伏30针

环形编织

40c
（68行）

起27c（30针），环形编织

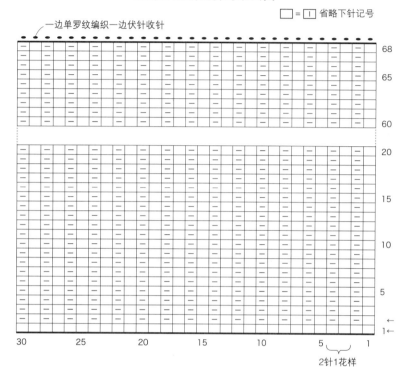

一边单罗纹编织一边伏针收针

2针1花样

普通起针

① 勾在食指上的线（和线团连接的线）　勾在拇指上的线（线头一端）

从线头取织针宽度的3~4倍，在此处做一个圈，从线圈中将线拉出，挂在2根棒针上。这就是第一针。

② 左右的食指和拇指勾线，其余的手指将线压住。右手食指压住第一针。

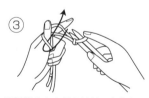

③ 按照箭头方向插入棒针，勾起拇指外侧的线。

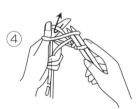

④ 按照箭头方向插入棒针，勾起食指上的线。

⑤ 将食指上的线拉到近前，从拇指的圈中拉出。

⑥ 将拇指上的线放开。

⑦ 从内侧将拇指勾在上一步放开的线上，将线拉出。重复步骤③~⑦。

⑧ 织好所需的针数后拔出1根棒针。这些起针便是1行。

◆用线

Hamanaka（和麻纳卡）Sonomono
GRADATION

16 本白色×灰色系渐变色（101）635g

17 浅棕色×深棕色系渐变色（103）950g

◆其他材料

16 棒形纽扣（42×8mm）2颗

纽扣（直径30mm）1颗

17 纽扣（直径30mm）1颗

◆用具

Hamanaka（和麻纳卡）Amiami圆头棒针2根
12号

Hamanaka（和麻纳卡）Amiami棒针4根 12号

Hamanaka（和麻纳卡）Amiami双头钩针
RakuRaku 8/0号

◆标准针数（10cm见方）

反面上下针编织·上下针编织 13针 19行

◆完成尺寸

16 胸围105.5cm 衣长61.5cm

17 胸围105.5cm 衣长87cm

◆编织方法

1.另线起针，用反面上下针编织完成后领。

2.从后领挑针，用反面上下针编织，上下针编织完成育克。

3.从育克挑针，用反面上下针编织、上下针编织完成前后身片，伏针收针。

4.从育克、前后身片挑针，环形编织袖子，伏针收针。

5.用反面上下针编织完成前端，伏针收针。

6.钉缝纽扣、棒形纽扣（*16*）。

7.编织扣环。

8.编织腰带套环（*17*）。

9.普通起针，用双罗纹编织完成腰带，伏针收针（*17*）。

10.将腰带穿过腰带套环（*17*）。

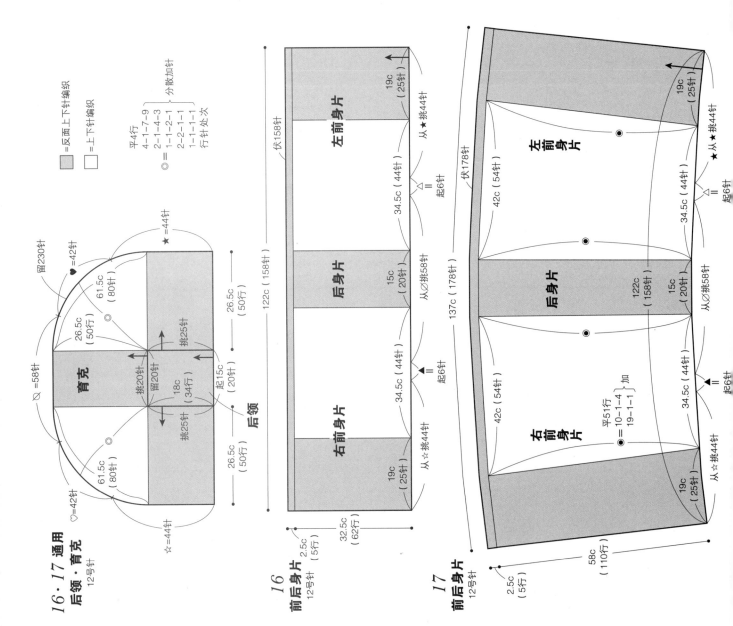

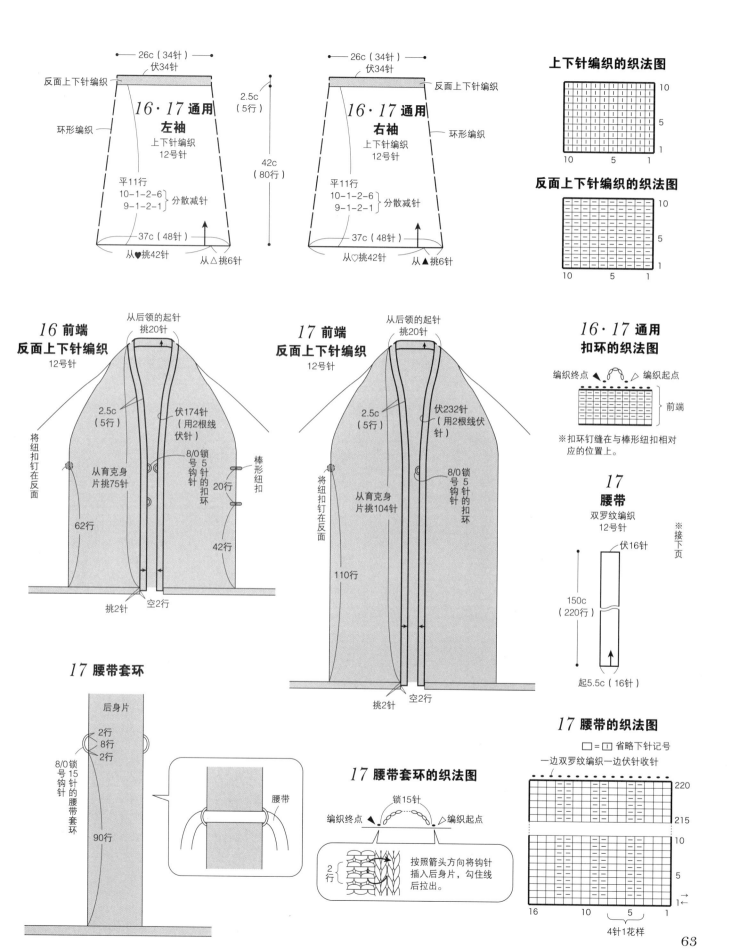

上下针编织的织法图

反面上下针编织的织法图

16·17 通用 左袖
26c（34针）
伏34针
反面上下针编织
环形编织
上下针编织
12号针
2.5c（5行）
42c（80行）
平11行
10-1-2-6
9-1-2-1 }分散减针
37c（48针）
从♡挑42针
从△挑6针

16·17 通用 右袖
26c（34针）
伏34针
反面上下针编织
环形编织
上下针编织
12号针
平11行
10-1-2-6
9-1-2-1 }分散减针
37c（48针）
从♡挑42针
从▲挑6针

16 前端 反面上下针编织
12号针
从后领的起针 挑20针
将纽扣钉在反面
2.5c（5行）
伏174针（用2根线伏针）
8/0锁5号钩针的扣环
从育克身片挑75针
棒形纽扣
20行
42行
62行
挑2针
空2行

17 前端 反面上下针编织
12号针
从后领的起针 挑20针
将纽扣钉在反面
2.5c（5行）
伏232针（用2根线伏针）
8/0锁5号钩针的扣环
从育克身片挑104针
110行
挑2针
空2行

16·17 通用 扣环的织法图
编织终点 ◀ ▷ 编织起点
前端
※扣环钉缝在与棒形纽扣相对应的位置上。

17 腰带
双罗纹编织 12号针
伏16针
150c（220行）
起5.5c（16针）
※接下页

17 腰带套环
后身片
2行 8行 2行
8/0锁15号钩针的腰带套环
90行
腰带

17 腰带套环的织法图
锁15针
编织终点 ◀ ▷ 编织起点
2行
按照箭头方向将钩针插入后身片，勾住线后拉出。

17 腰带的织法图
□ = 凹 省略下针记号
一边双罗纹编织一边伏针收针
220
215
10
5
16 10 5 1
4针1花样

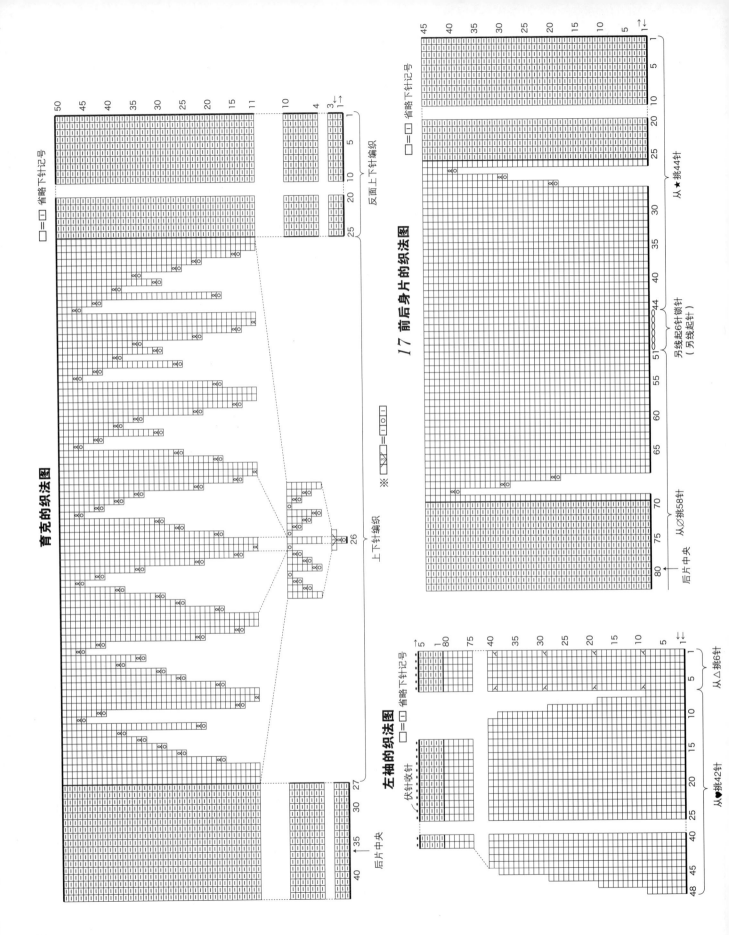

育克的织法图

□=□ 省略下针记号

反面上下针编织

上下针编织

※ |沙|=|□□|

17 前后身片的织法图

□=□ 省略下针记号

从★挑44针

另线起6针锁针
(另线起针)

从∅挑58针

后片中央

左袖的织法图

□=□ 省略下针记号

伏针收针

从△挑6针

从●挑42针

◆**用线**
Hamanaka（和麻纳卡）GRAND-ETOFFE
浅灰色（102）220g
灰色（103）110g
棕色（105）110g
Hamanaka（和麻纳卡）Amiami棒针4根 15号
◆**标准针数（10cm见方）**
花样编织 11针 24行
反面上下针编织 11针 18行

◆**完成尺寸**
衣长57cm
◆**编织方法**
1.普通起针，用花样编织、反面上下针编织完成前后身片，连续环形编织，伏针收针。中途留口袋口。
2.用花样编织完成领子，伏针收针。
3.从口袋口挑针，外侧平针编织，里侧上下针编织，分别编织后伏针收针，包缝在前身片上。

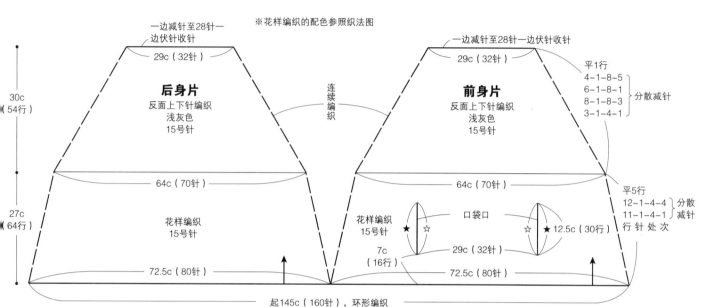

※花样编织的配色参照织法图

后身片
反面上下针编织
浅灰色
15号针

前身片
反面上下针编织
浅灰色
15号针

一边减针至28针一边伏针收针
29c（32针）
30c（54行）
连续编织
64c（70针）
花样编织 15号针
72.5c（80针）
27c（64行）
起145c（160针），环形编织

平1行
4-1-8-5
6-1-8-1
8-1-8-3
3-1-4-1
分散减针

平5行
12-1-4-4
11-1-4-1
行 针 处 次
分散减针

口袋口
7c（16行）
29c（32针）
12.5c（30行）

领子的织法图

□=浅灰色
■=棕色
▨=灰色
□=□省略下针记号

伏针收针

从前后身片的编织终点针（56针的伏针收针）挑56针

♡=从前片中央的针和针之间挑1针（从相同地方挑针）

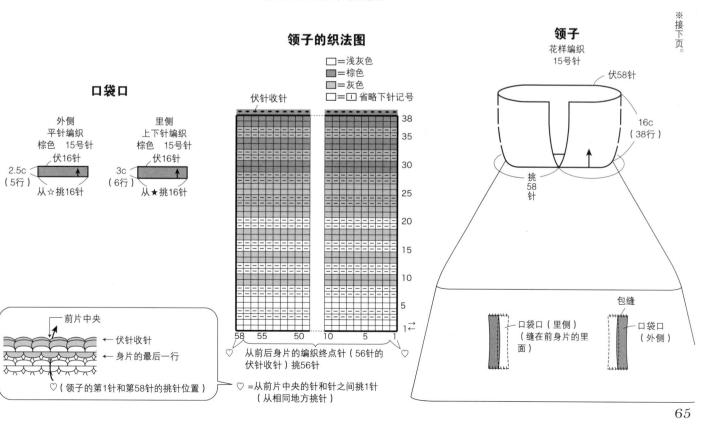

口袋口

外侧
平针编织
棕色 15号针
伏16针
2.5c（5行）
从☆挑16针

里侧
上下针编织
棕色 15号针
伏16针
3c（6行）
从★挑16针

前片中央
伏针收针
身片的最后一行
♡（领子的第1针和第58针的挑针位置）

领子
花样编织
15号针
伏58针
16c（38行）
挑58针

口袋口（里侧）（缝在前身片的里面）
包缝
口袋口（外侧）

※接下页。

口袋口（里侧）的织法图　　口袋口（外侧）的织法图

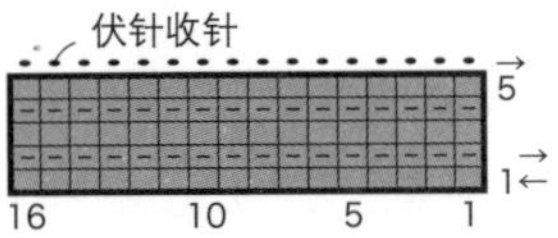

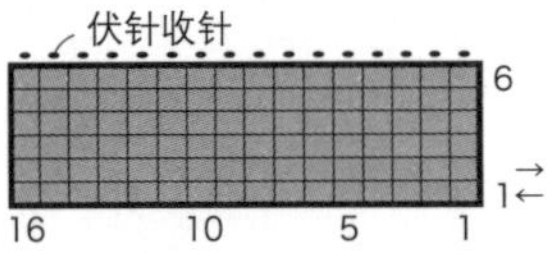

□=□ 省略下针记号　　□=□ 省略下针记号

伏针收针　　伏针收针

前后身片的织法图

反面上下针编织

花样编织

断线

断线

连线

右胁

160　155　150　145　140　135　130　125　120　115　110　105　100　95　90

66

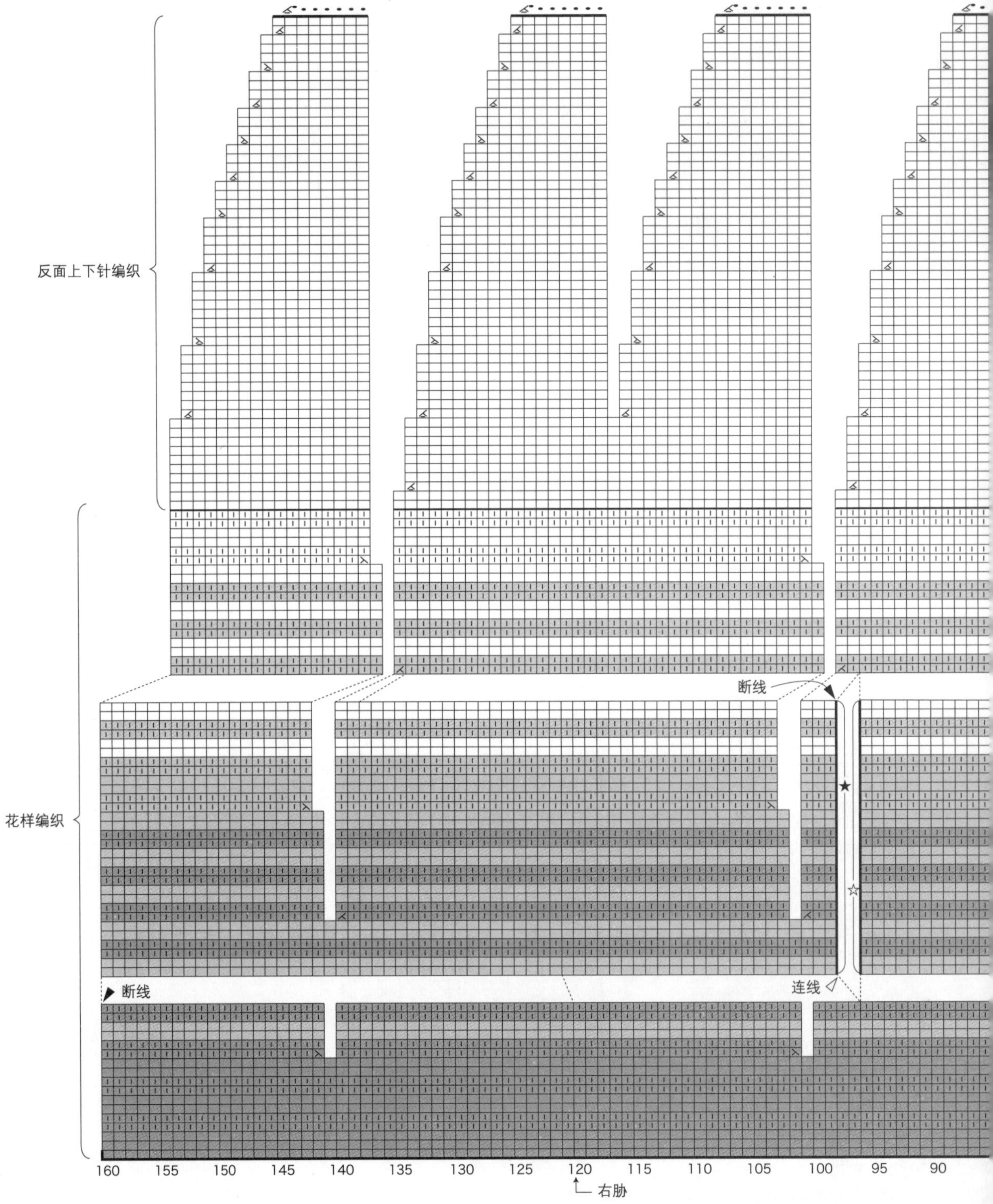

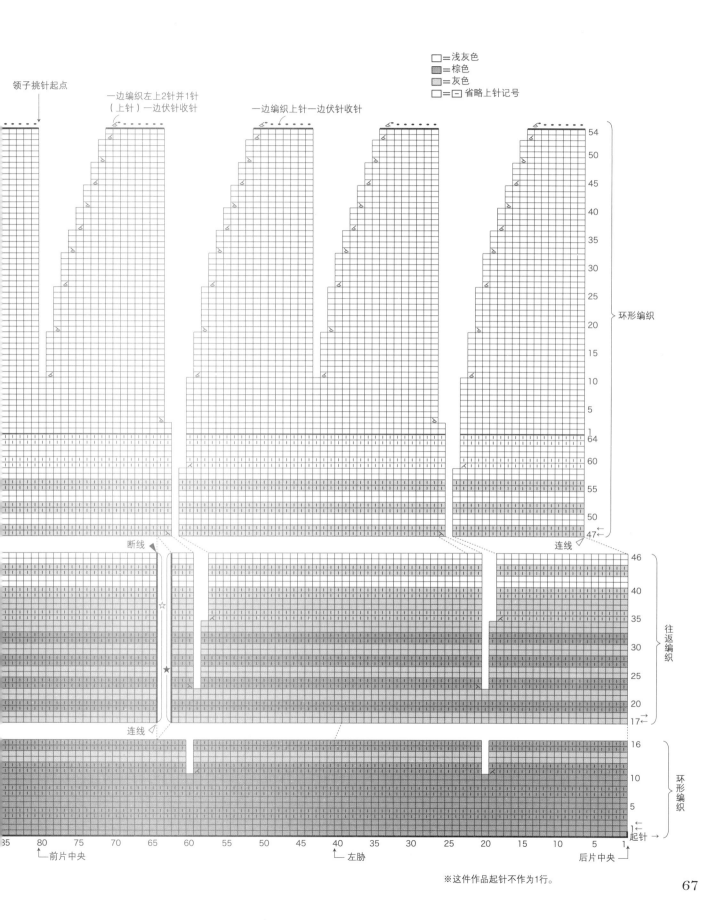

◆**用线**
Hamanaka（和麻纳卡）WARMMY
20 驼色（4）310g
21 红色（5）360g

◆**其他材料**
纽扣（直径25mm）4颗

◆**用具**
Hamanaka（和麻纳卡）Amiami圆头棒针2根
7号
Hamanaka（和麻纳卡）Amiami双头钩针
RakuRaku 5/0号
扭花针

◆**标准针数（10cm见方）**
上下针编织 17.5针 25行
花样编织A 26.5针 25行
花样编织B 16.5针 25行

◆**完成尺寸**
胸围95cm 肩宽34cm 衣长53.5cm

◆**编织方法**
1.另线起针，用单罗纹编织、上下针编织完成后身片。
2.另线起针，用平针编织、单罗纹编织、花样编织A·B、上下针编织完成左右前身片。*21*连续编织左右兜头帽。
3.解开后身片、左右前身片起针的同时挑针，伏针收针。
4.肩部盖针订缝。
5.两胁挑针接缝。
6.袖隆进行缘编织。
7.从后身片挑针，用花样编织B完成后领，伏针收针（*20*）。
8.从后领挑针，用花样编织B完成左右前领，伏针收针（*20*）。
9.将前领回针缝在前身片上（*20*）。
10.兜头帽编织终点用上下针订缝，后面挑针接缝（*21*）。
11.解开兜头帽起针的同时挑针，和后身片用上下针订缝（*21*）。
12.钉缝纽扣。

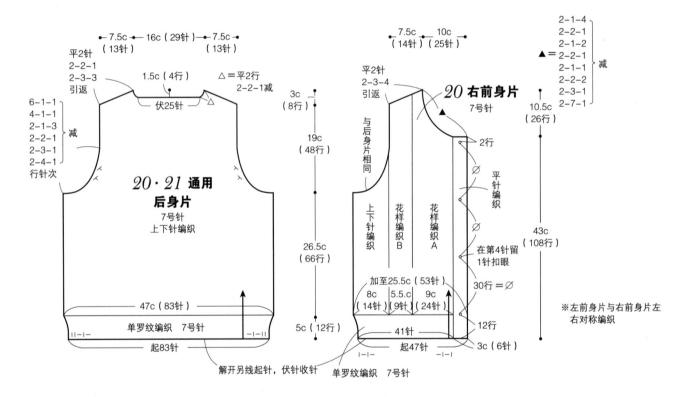

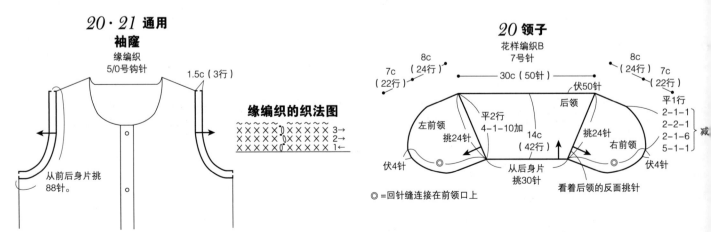

20·21 通用 **袖隆**
缘编织 5/0号钩针

缘编织的织法图

20 **领子**
花样编织B 7号针

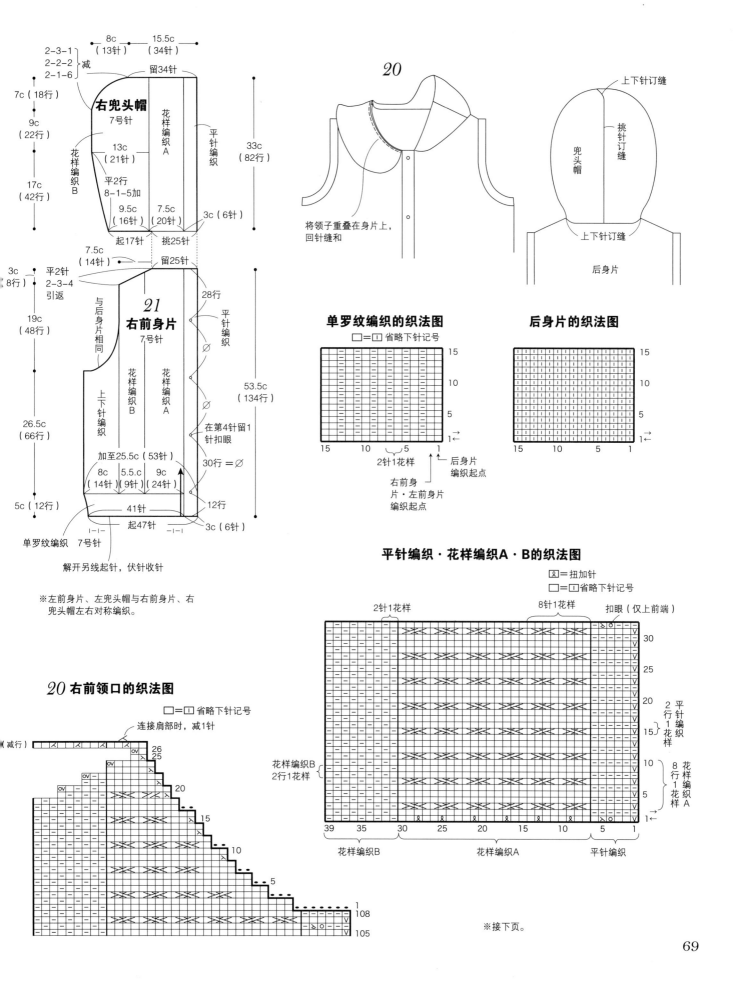

20 右前领口的织法图

□=Ⅰ省略下针记号

连接肩部时，减1针

20

将领子重叠在身片上，回针缝和

上下针订缝
挑针订缝
兜头帽
上下针订缝
后身片

单罗纹编织的织法图

□=Ⅰ省略下针记号

2针1花样
右前身片·左身片编织起点
后身片编织起点

后身片的织法图

平针编织·花样编织A·B的织法图

図=扭加针
□=Ⅰ省略下针记号

2针1花样
8针1花样
扣眼（仅上前端）

花样编织B
2行1花样

平针编织2行1花样
花样编织A8行1花样

花样编织B
花样编织A
平针编织

※接下页。

右兜头帽 7号针
花样编织A
平针编织
花样编织B
平2行8-1-5加
2-3-1 2-2-2 2-1-6 减
7c（18行）
9c（22行）
17c（42行）
8c（13针） 15.5c（34针）
留34针
13c（21针）
33c（82行）
9.5c（16针） 7.5c（20针） 3c（6针）
起17针 挑25针

3c（8行） 平2针 2-3-4 引返
19c（48行）
26.5c（66行）
5c（12行）
7.5c（14针）
留25针
与后身片相同
21 右前身片 7号针
上下针编织
花样编织B
花样编织A
平针编织
28行
在第4针留1针扣眼
30行=∅
53.5c（134行）
加至25.5c（53针）
8c（14针） 5.5c（9针） 9c（24针）
41针
起47针 3c（6针）
12行
单罗纹编织 7号针
解开另线起针，伏针收针

※左前身片、左兜头帽与右前身片、右兜头帽左右对称编织。

69

20 后领的织法图

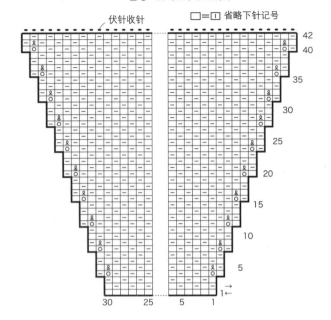

伏针收针
□=□ 省略下针记号

20 左右前领的织法图

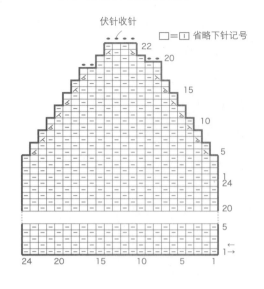

伏针收针
□=□ 省略下针记号

21 右兜头帽的织法图

□=□ 省略下针记号

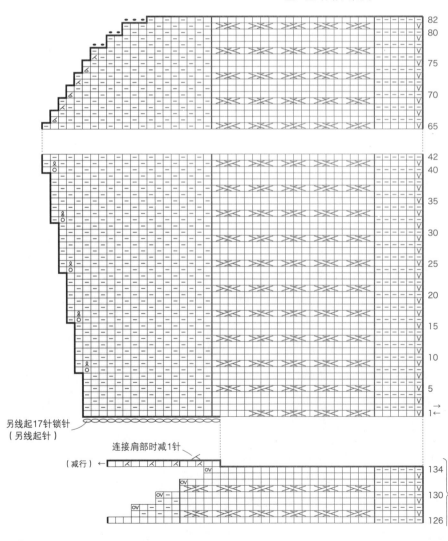

另线起17针锁针
（另线起针）

连接肩部时减1针

（减行）

右前身片

◆**用线**
Hamanaka（和麻纳卡）Sonomono
GRADATION
本白色×灰色系渐变色（101）520g

◆**其他材料**
纽扣（直径20mm）1颗

◆**用具**
Hamanaka（和麻纳卡）Amiami棒针4根 12号
Hamanaka（和麻纳卡）Amiami双头钩针 6/0号
扭花针

◆**标准针数**
反面上下针编织·上下针编织（10cm见方）14针 20行
花样编织 1花样（24针）=11cm

◆**完成尺寸**
衣长58cm（含流苏）

◆**编织方法**
1.普通起针，用平针编织、反面上下针编织、花样编织、上下针编织将斗篷环形编织。从
　中途开始往返编织。
2.用平针编织完成领子，伏针收针。
3.编织扣环。
4.钉上流苏。
5.钉缝纽扣。

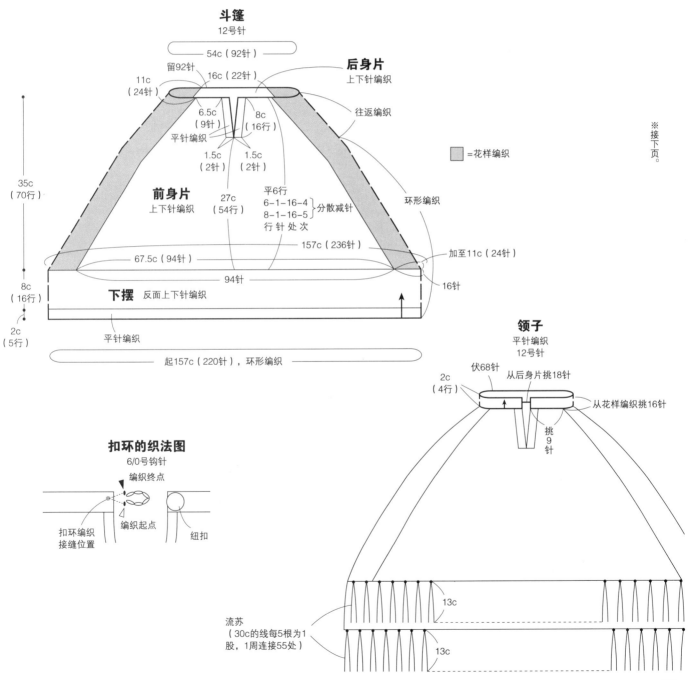

斗篷
12号针

54c（92针）

留92针　16c（22针）

后身片
上下针编织

11c（24针）

往返编织

6.5c（9针）　8c（16行）

平针编织

1.5c（2针）　1.5c（2针）

□=花样编织

前身片
上下针编织

27c（54行）

平6行
6-1-16-4
8-1-16-5
行 针 处 次
分散减针

环形编织

35c（70行）

157c（236针）

67.5c（94针）

加至11c（24针）

94针

16针

8c（16行）

下摆　反面上下针编织

平针编织

2c（5行）

起157c（220针），环形编织

※接下页。

领子
平针编织
12号针

2c（4行）

伏68针　从后身片挑18针

从花样编织挑16针

挑9针

扣环的织法图
6/0号钩针

编织终点

编织起点

扣环编织接缝位置

纽扣

流苏
（30c的线每5根为1
股，1周连接55处）

13c

13c

下摆的织法图

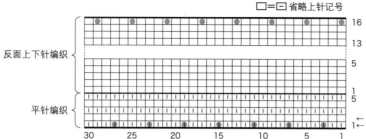

● = 流苏连接位置

□ = □ 省略上针记号

反面上下针编织

平针编织

前后身片·花样编织·领子的织法图

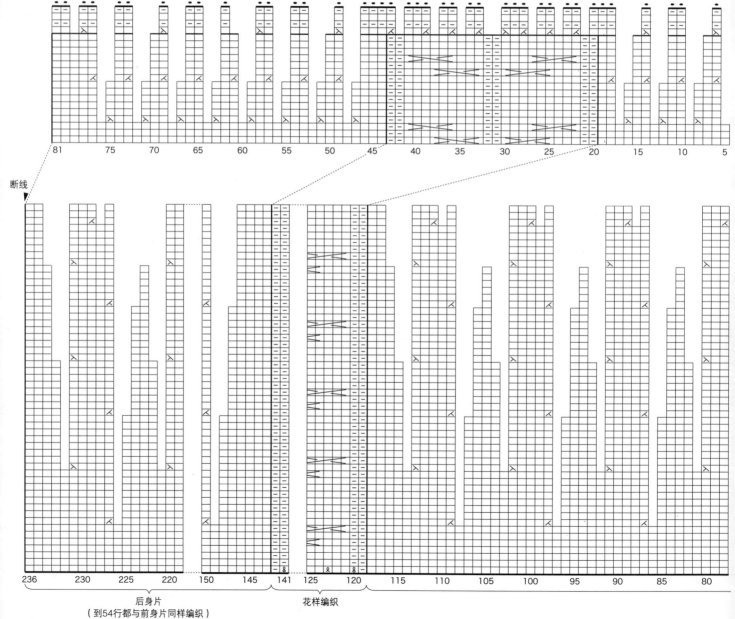

断线

后身片
（到54行都与前身片同样编织）

花样编织

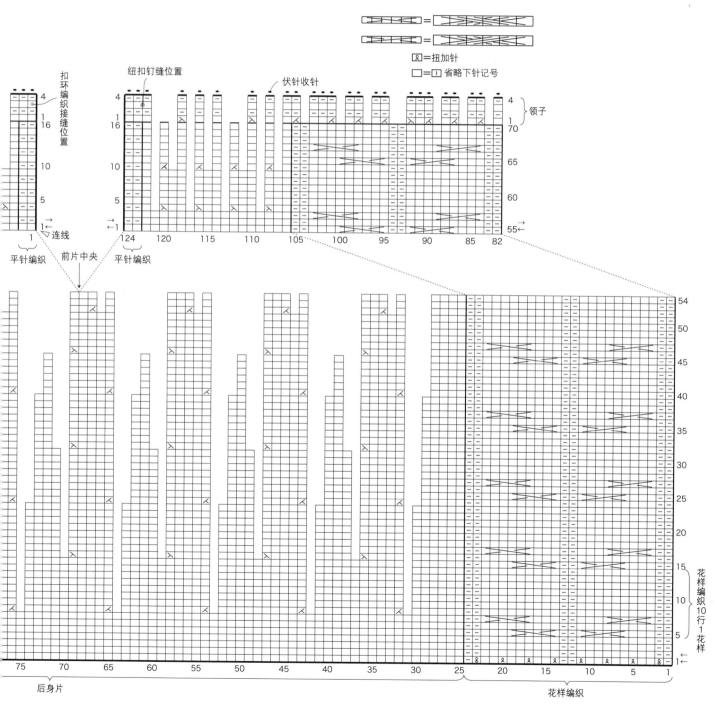

扣环编织接缝位置

纽扣钉缝位置

伏针收针

= 扭加针

= 省略下针记号

领子

平针编织

前片中央

平针编织

连线

后身片

花样编织

花样编织10行1花样

◆ **用线**

Hamanaka（和麻纳卡） Sonomono TWEED

深棕色（75）390g

◆ **其他材料**

纽扣（直径35mm）1颗

◆ **用具**

Hamanaka（和麻纳卡） Amiami圆头棒针2根 5号、4号

Hamanaka（和麻纳卡） Amiami双头钩针RakuRaku 5/0号

◆ **标准针数（10cm见方）**

花样编织（5号针）·上下针编织 20针 27.5行

◆ **完成尺寸**

胸围98.5cm 肩宽36.5cm 衣长56cm 袖长51cm

◆ **编织方法**

1.另线起针，用花样编织、上下针编织完成后身片、左右前身片、左右前领、袖子。

2.从左右前领挑针，用花样编织完成左右后领，伏针收针。

3.解开起针的同时挑针，从织片的反面引拔针编织。

4.肩部盖针订缝。两胁挑针接缝。

5.左右后领的△相对挑针接缝，左右后领的▲和后领相对回针缝。

6.将袖子用引拔针缝合到身片上。

7.领子四周短针编织。

8.制作扣环。

9.钉缝纽扣。

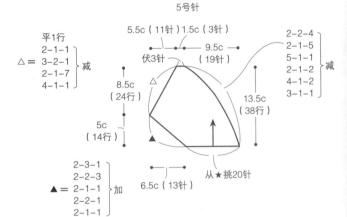

右后领
花样编织
5号针

5.5c（11针） 1.5c（3针）

9.5c（19针）

伏3针

平1行
2-1-1
3-2-1
2-1-7
4-1-1 }减

△ =

2-2-4
2-1-5
5-1-1
2-1-2
4-1-2
3-1-1 }减

8.5c（24行）

5c（14行）

13.5c（38行）

▲ =

2-3-1
2-2-3
2-1-1
2-2-1
2-1-1 }加

6.5c（13针）

从★挑20针

※左后领与右后领左右对称编织。

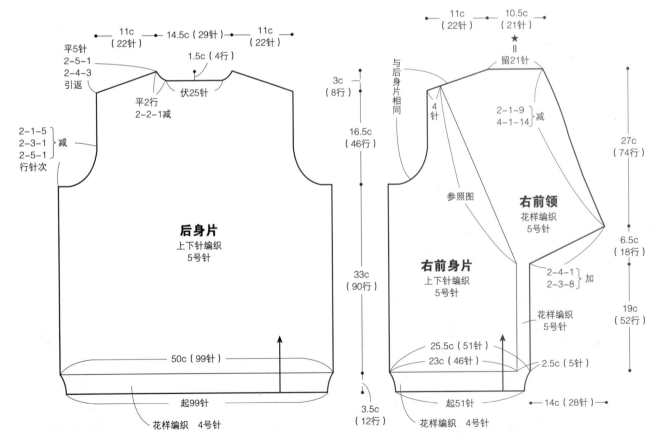

11c（22针） 14.5c（29针） 11c（22针）

平5针
2-5-1
2-4-3
引返

1.5c（4行）

平2行
2-2-1减

伏25针

2-1-5
2-3-1
2-5-1 }减
行针次

3c（8行）

16.5c（46行）

33c（90行）

后身片
上下针编织
5号针

50c（99针）

起99针

花样编织 4号针

3.5c（12行）

11c（22针） 10.5c（21针）

★
=
留21针

与后身片相同

4针

2-1-9
4-1-14 }减

参照图

27c（74行）

右前领
花样编织
5号针

右前身片
上下针编织
5号针

6.5c（18行）

2-4-1
2-3-8 }加

花样编织
5号针

19c（52行）

25.5c（51针）

23c（46针）

2.5c（5针）

起51针

花样编织 4号针

14c（28针）

※左前身片与右前身片左右对称编织。

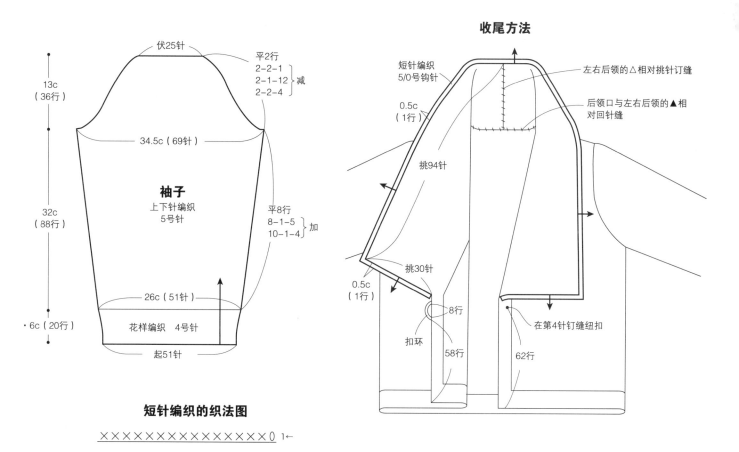

收尾方法

袖子
上下针编织
5号针

花样编织 4号针

左右后领的△相对挑针订缝

后领口与左右后领的▲相对回针缝

短针编织
5/0号钩针

挑94针

挑30针

在第4针钉缝纽扣

扣环

短针编织的织法图

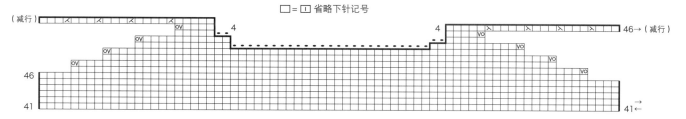

后领口的织法图

□ = ① 省略下针记号

右后领的织法图
□ = ① 省略下针记号

左后领的织法图
□ = ① 省略下针记号

伏针收针

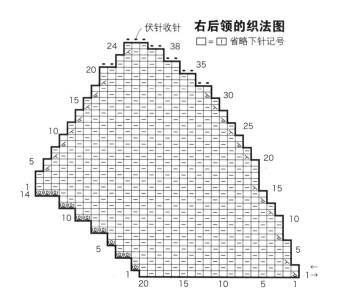
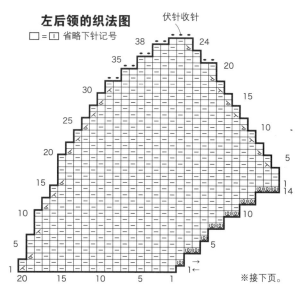

※接下页。

右前身片的织法图

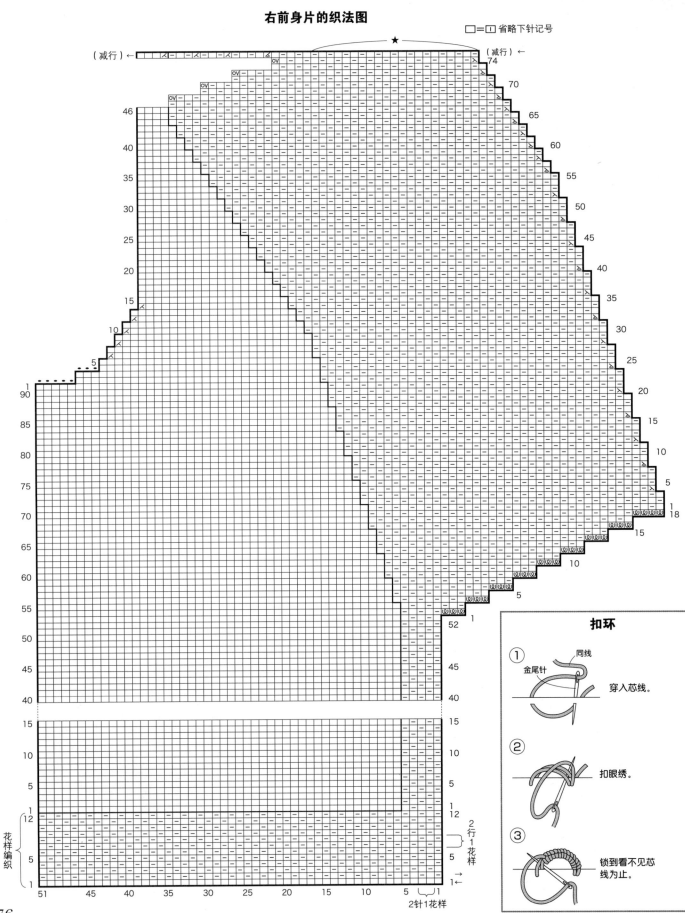

□ = □ 省略下针记号

（减行）

★

（减行）

扣环

① 穿入芯线。

② 扣眼绣。

③ 锁到看不见芯线为止。

76

◆用线
Hamanaka（和麻纳卡）BOSK
棕色（9）425g
◆其他材料
纽扣（直径25mm）4颗
◆用具
Hamanaka（和麻纳卡）Amiami圆头棒针2根
15号
Hamanaka（和麻纳卡）Amiami竹制钩针
7mm
◆标准针数
反面上下针编织（10cm见方）11针 16.5行

花样编织A 1花样（12针）=9cm 16.5行=10cm
花样编织B（10cm见方）12针 16.5行
◆完成尺寸
胸围94.5cm 肩宽34cm 衣长54cm
◆编织方法
1.普通起针，用单罗纹编织、上下针编织、花样编织A完成后身片。
2.普通起针，用单罗纹编织、花样编织A·B、反面上下针编织完成左右前身片、领子。
3.肩部盖针订缝，两胁挑针接缝。
4.领子的△相对挑针接缝。
5.后身片的☆和领子的★相对回针缝。
6.袖窿短针编织。
7.钉缝纽扣。

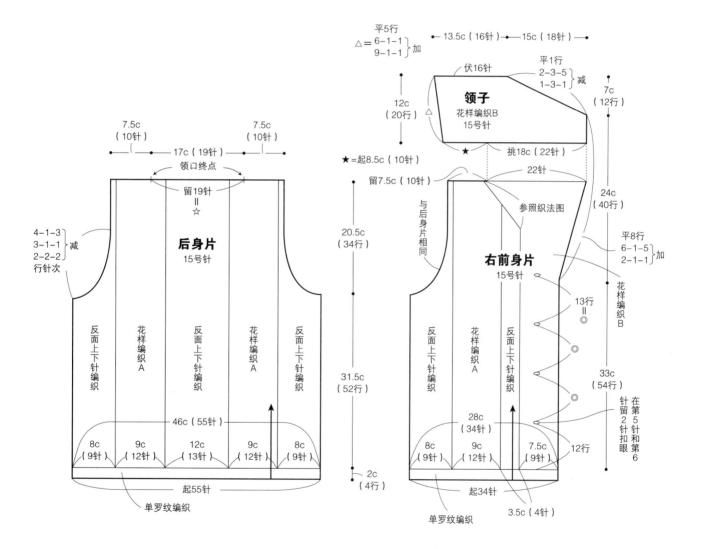

※接下页。

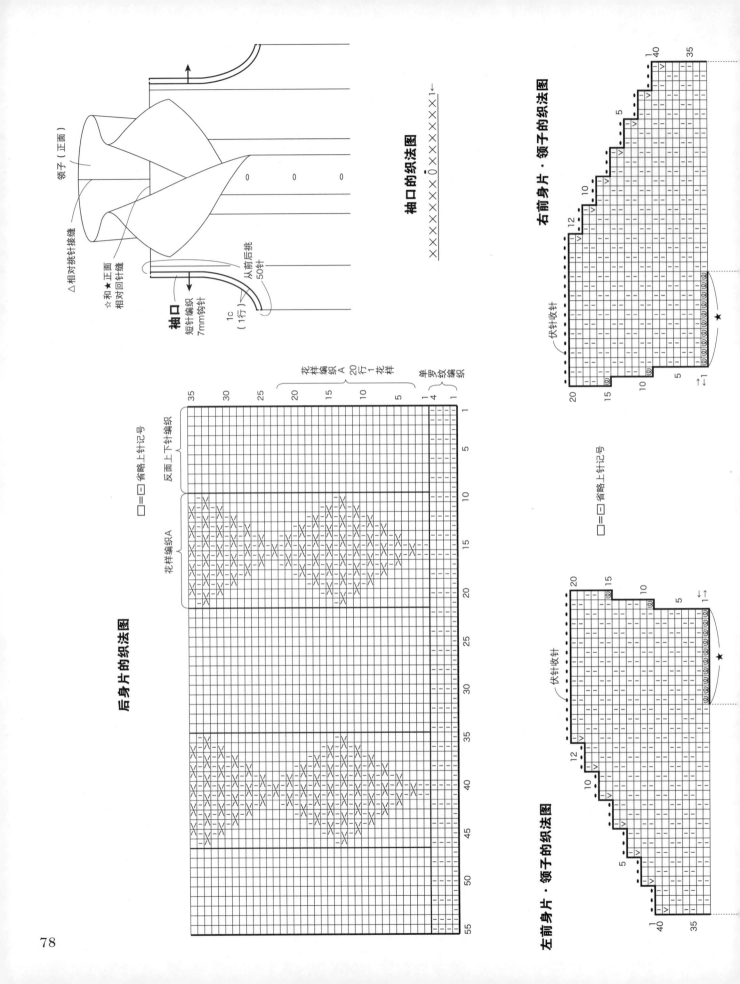

袖口的织法图

领子（正面）

△相对挑针接缝

☆和★相对回针缝

袖口
短针编织
7mm钩针

1c
(1行)

从前后挑
50针

后身片的织法图

花样编织A
20行1花样

单罗纹编织

□=□ 省略上针记号

反面上下针编织

花样编织A

右前身片·领子的织法图

伏针收针

□=□ 省略上针记号

左前身片·领子的织法图

伏针收针

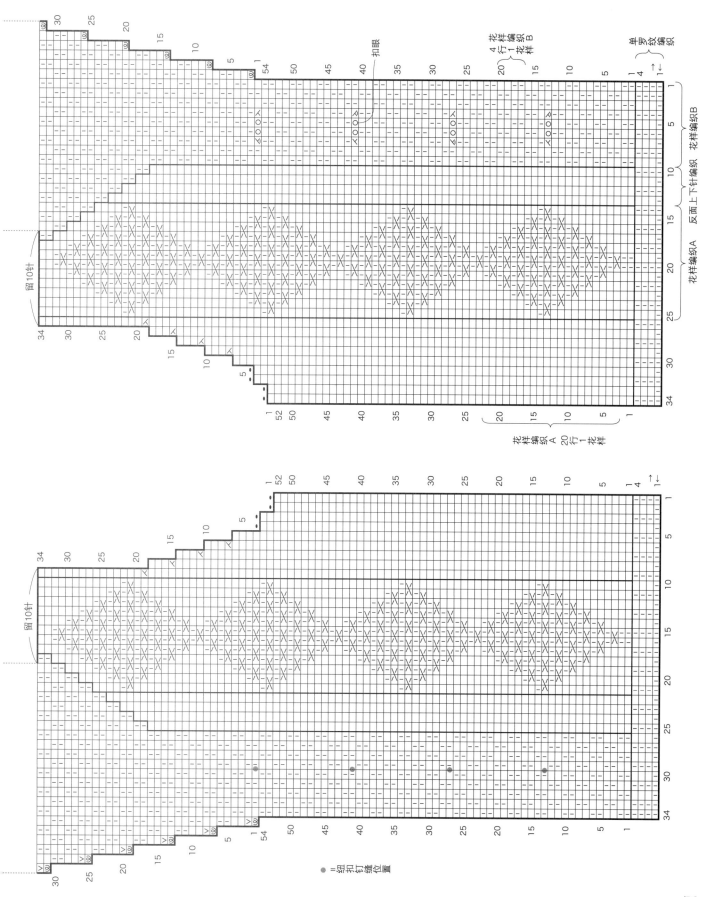

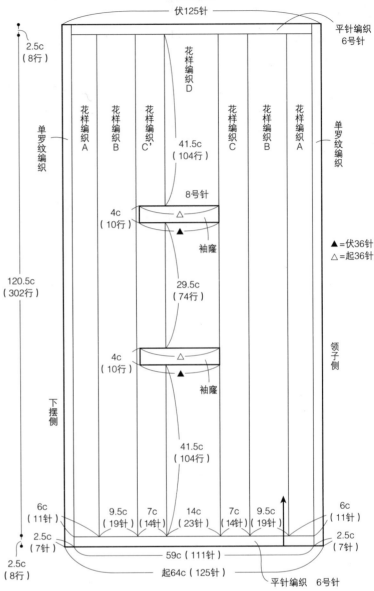

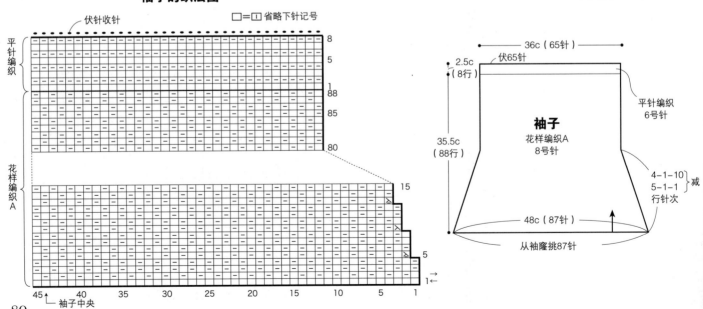

◆用线
Hamanaka（和麻纳卡）WARMMY
砖红色（6）670g

◆用具
Hamanaka（和麻纳卡）Amiami圆头棒针2根 8号、6号
Hamanaka（和麻纳卡）Amiami棒针4根 8号
※编织袖子时用2根棒针很难挑针，所以用4根棒针。

◆标准针数
花样编织A（10cm见方）18针 25行
花样编织B 1花样（19针）=9.5cm 25行=10cm
花样编织C·C' 1花样（14针）=7cm 25行=10cm
花样编织D 1花样（23针）=14cm 25行=10cm

◆完成尺寸
肩宽29.5cm 衣长38cm

◆编织方法
1.普通起针，用单罗纹编织、平针编织、花样编织
　A·B·C·C'·D连续编织前后身片，伏针收针。
2.从袖窿挑针，用花样编织A、平针编织完成袖子，伏针
　收针。
3.袖下挑针接缝。

前后身片

伏125针
平针编织 6号针
2.5c（8行）
花样编织A
花样编织B
花样编织C'
花样编织D
41.5c（104行）
花样编织C
花样编织B
花样编织A
单罗纹编织
单罗纹编织
8号针
4c（10行）
△
▲
袖窿
▲=伏36针
△=起36针
29.5c（74行）
领子侧
4c（10行）
△
▲
袖窿
120.5c（302行）
41.5c（104行）
下摆侧
6c（11针）
9.5c（19针）
7c（14针）
14c（23针）
7c（14针）
9.5c（19针）
6c（11针）
2.5c（7针）
2.5c（8行）
2.5c（7针）
59c（111针）
起64c（125针）
平针编织 6号针

袖子的织法图

伏针收针
□=□ 省略下针记号
平针编织
8
5
1
88
85
80
花样编织A
15
5
1→
45 40 35 30 25 20 15 10 5 1
←袖子中央

袖子
36c（65针）
2.5c（8行）
伏65针
平针编织 6号针
35.5c（88行）
花样编织A
8号针
4-1-10 减
5-1-1 行针次
48c（87针）
从袖窿挑87针

前后身片的织法图

※ ⎡⊃⊂⎤ 的编织方法
　⎣ 2 1⎦

①用扭花针挑取第1针，
　另一侧留针，第2针扭
　针编织。
②留针的1针编织上针。

※ ⎡⊃⊂⎤ 的织法
　⎣ 2 1⎦

①用扭花针挑取第1针，
　近身侧留针，第2针上
　针编织。
②留针的1针扭针编织。

□＝□ 省略下针记号

单罗纹编织

花样编织A
4针4行1花样

花样编织B
10行1花样

花样编织C
12行1花样

花样编织D
40行1花样

袖窿

伏针收针

←袖子挑针起点

花样编织C'
12行1花样

花样编织B
10行1花样

81

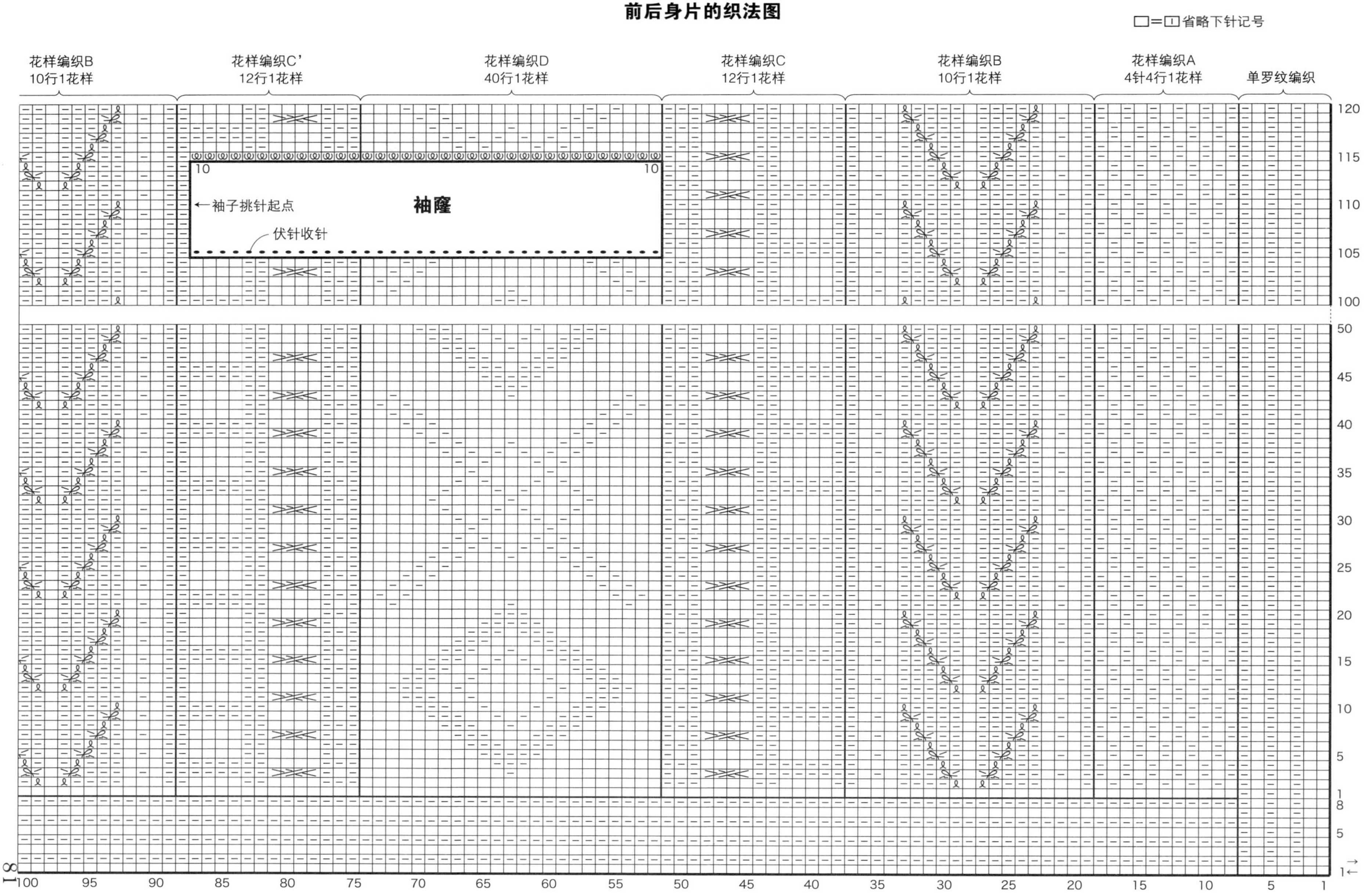

◆用线
Hamanaka（和麻纳卡） LUPO
灰色（2）200g
◆用具
Hamanaka（和麻纳卡） Amiami圆头棒针2根
10mm
Hamanaka（和麻纳卡） Amiami双头钩针
RakuRaku 10/0号（接缝用）

◆标准针数（10cm见方）
平针编织 8.5针 13行
◆完成尺寸
宽度35cm 周长100cm
◆编织方法
1.普通起针，用平针编织完成围脖。
2.将编织起点和编织终点引拔订缝成环形。

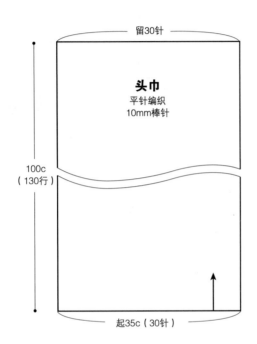

头巾
平针编织
10mm棒针

留30针

100c
（130行）

起35c（30针）

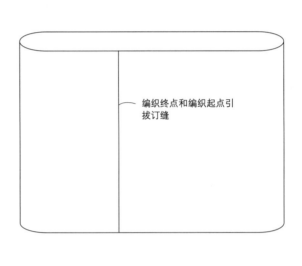

编织终点和编织起点引
拔订缝

围脖的织法图

□=□ 省略下针记号

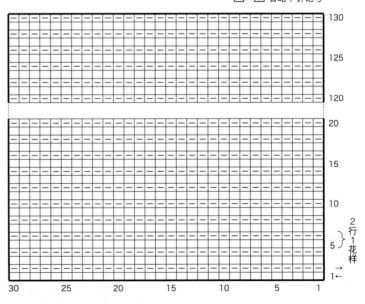

编织基础

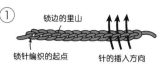
棒针编织

✳ 起针

另线起针

① 锁边的里山
锁针编织的起点
针的插入方向

用另线松散地锁针编织，比所需针数
多编织5针。

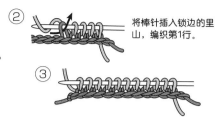

② 将棒针插入锁边的里山，编织第1行。

③ 编织所需针数。这就是第1行。

※另线起针的挑针方法

① 一边解开另线的锁针，一边用棒针挑取织针。

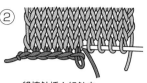

② 将棒针插入织针中。

普通起针…P.61

※环形起针

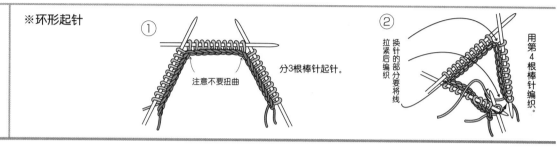

① 分3根棒针起针。
注意不要扭曲

② 用第4根棒针编织。
换针的部分要将线拉紧后编织

✳ 编织符号

下针	上针
① ② ③ ④	① ② ③ ④

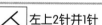

入 右上2针并1针

① 织下针 不织并移至右针
② 盖针
③

人 左上2针并1针

① ② ③

入 右上2针并1针（上针）

① 2 1 1和2的位置换位插入。
② 1 2
③ 按照箭头方向将针插入后编织上针。

人 左上2针并1针（上针）

① ② ③

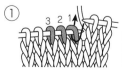

入 右上3针并1针

① 3 2 1 将右针按箭头方向插入1，将织针移至右针。

② 3 2 1 将右针按箭头方向插入2和3，左上2针并1针。

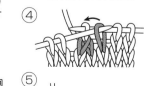

③ 1 将左针按箭头方向插入1。

④ 将第1针按箭头方向盖在上一步左上2针并1针的织针上。

⑤ 右侧的织针在最上面的右上3针并1针完成。

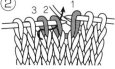

∨ 滑针

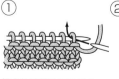

① 将右针按箭头方向插入左针的织针上，不编织移动。

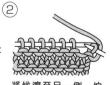

② 将线渡至另一侧，编织下一针。

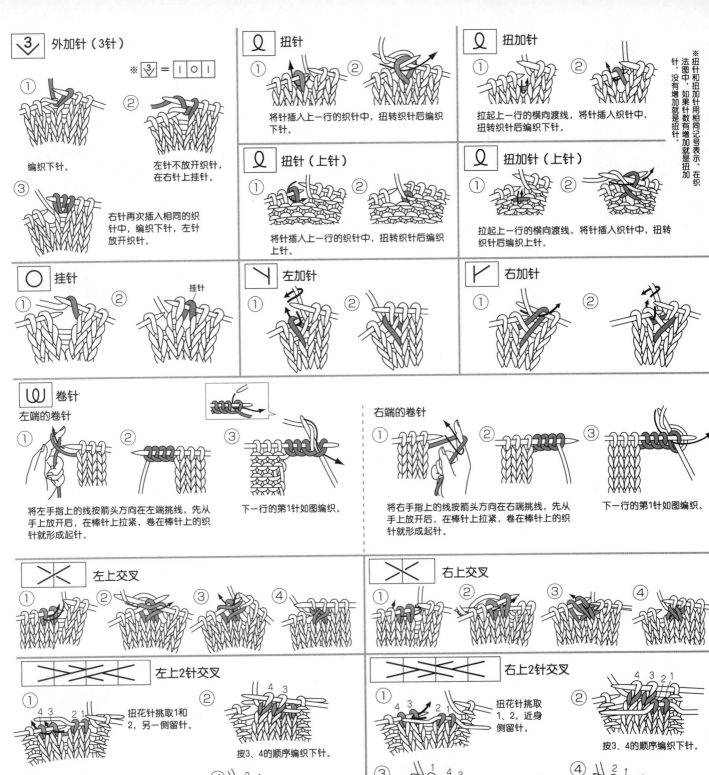

③ 外加针（3针）

※ ③ = | ○ |

① 编织下针。
② 左针不放开织针，在右针上挂针。
③ 右针再次插入相同的织针中，编织下针，左针放开织针。

Ω 扭针
① ② 将针插入上一行的织针中，扭转织针后编织下针。

Ω 扭加针
① ② 拉起上一行的横向渡线，将针插入织针中，扭转织针后编织下针。

※ 扭针和扭加针用相同的记号表示。在法图中，如果针数有增加就是扭加针，没有增加就是扭针。

Ω 扭针（上针）
① ② 将针插入上一行的织针中，扭转织针后编织上针。

Ω 扭加针（上针）
① ② 拉起上一行的横向渡线，将针插入织针中，扭转织针后编织上针。

○ 挂针
① ② 挂针

丫 左加针
① ②

ト 右加针
① ②

ω 卷针
左端的卷针
① ② ③ 将左手指上的线按箭头方向在左端挑线，先从手上放开后，在棒针上拉紧，卷在棒针上的织针就形成起针。
下一行的第1针如图编织。

右端的卷针
① ② ③ 将右手指上的线按箭头方向在右端挑线，先从手上放开后，在棒针上拉紧，卷在棒针上的织针就形成起针。
下一行的第1针如图编织。

✕ 左上交叉
① ② ③ ④

✕ 右上交叉
① ② ③ ④

⧓ 左上2针交叉
① 扭花针挑取1和2，另一侧留针。
② 按3、4的顺序编织下针。
③ 按1、2的顺序将留在扭花针上的织针编织下针。
④ 左上2针交叉完成。

⧓ 右上2针交叉
① 扭花针挑取1、2，近身侧留针。
② 按3、4的顺序编织下针。
③ 按1、2的顺序将留在扭花针上的织针编织下针。
④ 右上2针交叉完成。

交叉编织的应用

在交叉编织中，也有2针以上的交叉，而且不限于交叉相同的针数。各种各样的交叉包括：1针和2针交叉，一侧上针交叉，还有扭花针的交叉。从交叉记号的上下方，读取该记号表示的编织方法。

例）

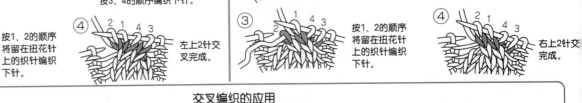
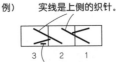

实线是上侧的织针。

横线表示上针编织。

用扭花针取1、2，在近身侧留针，先编织3的上针，然后按留针的1·2的顺序编织下针。

84

＊ 收针

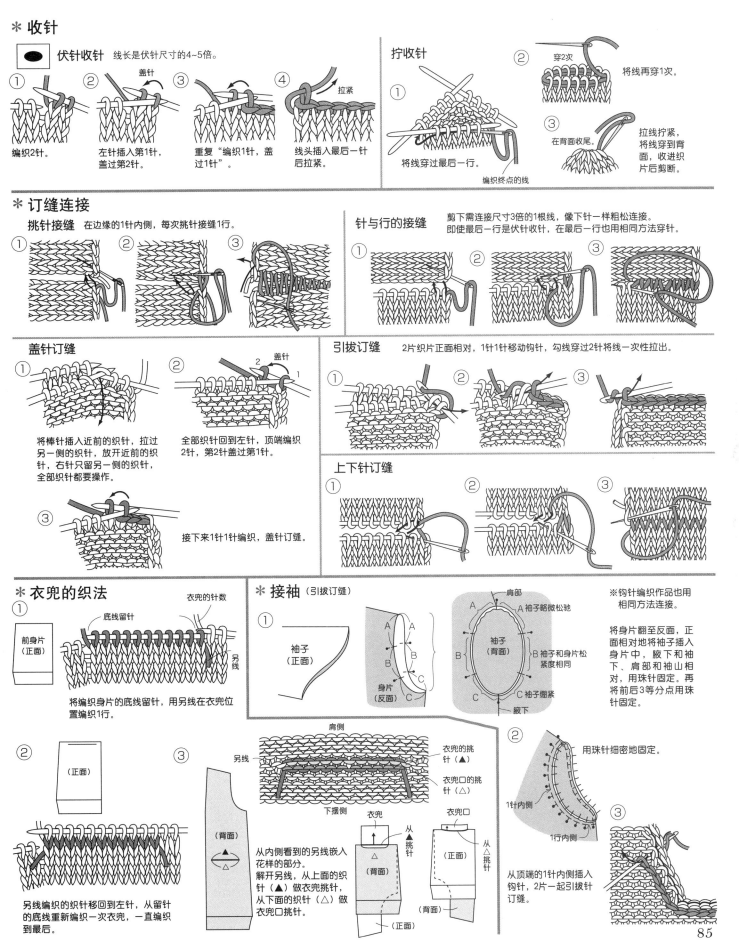

⬤ **伏针收针** 线长是伏针尺寸的4~5倍。

① 编织2针。
② 左针插入第1针，盖过第2针。 盖针
③ 重复"编织1针，盖过1针"。
④ 线头插入最后一针后拉紧。 拉紧

拧收针

① 将线穿过最后一行。 编织终点的线
② 穿2次 将线再穿1次。
③ 在背面收尾 拉线拧紧，将线穿到背面，收进织片后剪断。

＊ 订缝连接

挑针接缝 在边缘的1针内侧，每次挑针接缝1行。

① ② ③

针与行的接缝 剪下需连接尺寸3倍的1根线，像下针一样粗松连接。即使最后一行是伏针收针，在最后一行也用相同方法穿针。

① ② ③

盖针订缝

① 将棒针插入近前的织针，拉过另一侧的织针，放开近前的织针，右针只留另一侧的织针，全部织针都要操作。
② 全部织针回到左针，顶端编织2针，第2针盖过第1针。 盖针
③ 接下来1针1针编织，盖针订缝。

引拔订缝 2片织片正面相对，1针1针移动钩针，勾线穿过2针将线一次性拉出。

① ② ③

上下针订缝

① ② ③

＊ 衣兜的织法

① 前身片（正面） 衣兜的针数 底线留针 另线

将编织身片的底线留针，用另线在衣兜位置编织1行。

② （正面）

另线编织的织针移回到左针，从留针的底线重新编织一次衣兜，一直编织到最后。

③ 肩侧 另线 衣兜的挑针（▲） 衣兜口的挑针（△） 下摆侧

（背面）▲△
从内侧看到的另线嵌入花样的部分。
解开另线，从上面的织针（▲）做衣兜挑针，从下面的织针（△）做衣兜口挑针。

衣兜（背面）从▲挑针
衣兜口（正面）从△挑针

＊ 接袖（引拔订缝）

① 袖子（正面）
A A
B B
C C
身片（反面）
袖子略微松弛
肩部
袖子（背面）
A 袖子略微松弛
B 袖子和身片松紧度相同
C 袖子绷紧
腋下

※钩针编织作品也用相同方法连接。

将身片翻至反面，正面相对地将袖子插入身片中，腋下和袖下、肩部和袖山相对，用珠针固定。再将前后3等分点用珠针固定。

② 用珠针细密地固定。
1针内侧 1行内侧

③ 从顶端的1针内侧插入钩针，2片一起引拔针订缝。

✱ 嵌入花样
在织片背面渡线的方法

按照织法图的花样，编织底线的时候，在织片背面渡配色线，或者编织配色线的时候在制片背面渡底线。编织时注意渡线不能过松或过紧。

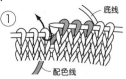

① 底线留针，编织配色线。按照箭头方向将针插入，编织留针的底线。

② 用底线编织所需针数后，换配色线编织。这时，要像图中一样交叉。

③ 背面形成这样的渡线状态。

✱ 条状花纹的换线方法

①
②
留出8cm左右

③ 线头收在最后。

科维昌编织法

不在织片背面渡线的嵌入花样的编织方法。
用底线编织时，在织片背面捆绑配色线进行编织；或用配色线编织时，在织片背面捆绑底线进行编织。捆绑线进行编织时，织针容易松散，如果背面的线过于松散，正面也会看出来，所以要特别注意。

用下针编织的一行

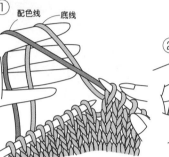

① 配色线 底线
织到花样的位置时，添加配色线。像插图一样，将2根线勾在手上。

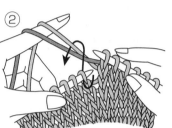

② 按照箭头将针插入，通过配色线的上方勾住底线，编织下针。

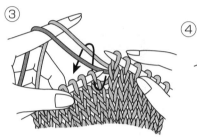

③ 下一针，按照箭头方向将针插入，通过配色线的下方勾住底线，编织下针。

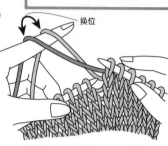

④ 换位
重复②、③，用底线编织所需针数。接下来，用配色线编织时，底线和配色线交换位置重新勾在左手上。

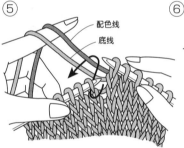

⑤ 配色线 底线
底线和配色线变换了位置。按照箭头将针插入，通过底线的上方勾住配色线，编织下针。

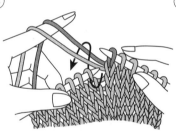

⑥ 下一针，按照箭头方向将针插入，通过配色线的下方勾住底线，编织下针。

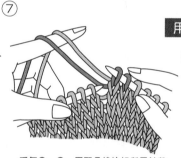

⑦ 重复⑤、⑥，用配色线编织所需针数后，再次换线重新勾在左手上，编织底线。线的捆绑方法每一针都相互变换，同时按照花样变换底线和配色线编织下针。

用上针编织的一行

⑧ 编织第一针时，将底线交叉到近前，将配色线挪到上方，用底线编织上针。（这时，注意不要让配色线过于松散而影响正面。）

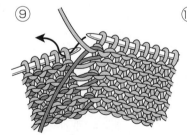

⑨ 下一针，将底线交叉到近前，配色线挪到下方，用底线编织上针。

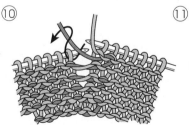

⑩ 重复⑧、⑨，用底线编织所需针数后，这次将底线挪到上方，用配色线编织上针。

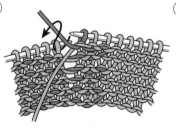

⑪ 下一针，将配色线交叉到近前，底线挪到下方，用配色线编织上针。重复⑩、⑪，用配色线编织所需针数后，再用底线编织。

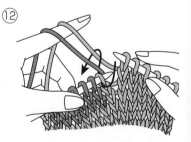

⑫ 翻至正面，编织花样第一针时，按照箭头将针通过配色线的下方，编织下针。（这时，注意不要让配色线过于松散而影响正面。）

＊引返编织

边织边留针的引返编织

左侧（左侧往返编织，在编织正面的一行上留针）

【例】
平4针
2-4-3引返
行针次 ← 减行

① 留4针
在正面一行的最后留4针。

② 滑针 挂针
翻至反面，挂针后滑1针，剩余部分照常编织。

③ 挂针 滑针 留4针
翻至正面，包括前一行的滑针一共留4针。

④ 滑针 挂针 滑针 挂针
重复②、③。

⑤ 减行
挂针和下一针2针并1针编织。

2针并1针
2针并1针
2针并1针

⑥ 从反面看到的完成图。

右侧（左侧往返编织，在编织反面的一行上留针）

【例】
平4针
2-4-3引返
行针次 → 减行

① 留4针
在背面一行的最后留4针。

② 滑针 挂针
翻至正面，挂针后滑针1针，剩余部分照常编织。

③ 滑针 挂针 留4针
翻至反面，包括前一行的滑针一共留4针。

④ 滑针 挂针 滑针 挂针
重复第②、③。

⑤ 换位2针并1针 换位2针并1针 换位2针并1针
减行
挂针和左一针换位2针并1针编织。

换位方法

⑥ 从反面看到的完成图。

边织边前进的引返编织

3针 4针 8针 4针 3针
7
5
1 →

① 在第2行留7针。
3针 4针 8针 4针 3针

② 织7针 滑针 挂针
翻至正面，挂针后编织1针滑针，编织7针下针。
3针 4针 8针 4针 3针

③ 滑针 挂针
翻至反面，挂针后编织1针滑针。
3针 4针

④ 织11针 换位2针并1针
连续编织11针上针。
中途的挂针和左针换位，2针并1针编织。

⑤ 织15针 2针并1针 滑针 挂针
翻至正面，挂针后编织1针滑针，连续编织15针下针。中途的挂针和左针2针并1针编织。
3针 3针 8针 4针 3针

⑥ 15针 2针并1针

⑦

87

上下针刺绣

① 穿过上下针编织的织针，从上方开始刺绣。

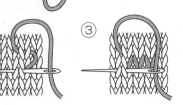
②　③

钩针编织

✳ 起针

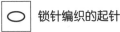
○ 锁针编织的起针

① 将针放在线的另一侧，按照箭头的方向将针扭转1次。

② 用左手压住绕线的线头，将线拉出。

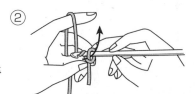
③ 挂线，拉出。

④ 重复相同步骤编织。

✳ 编织符号

○ 锁针

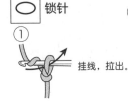
① 挂线，拉出。

② 重复相同步骤编织。

③ ※挂在针上的线圈，不能算作1针。

● 引拔针

① 按照箭头方向将针插入。

② 一次性引拔出来。

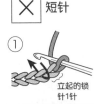
✕ 短针

① 立起的锁针1针
②　③　④

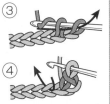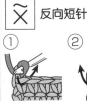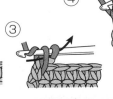
反向短针
① ② ③ ④ ⑤

其他编织方法

✳ 钉缝纽扣的方法

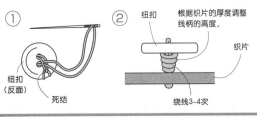
① 纽扣（反面） 死结
② 纽扣 织片 根据织片的厚度调整线柄的高度。绕线3~4次

✳ 手缝法

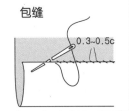
包缝 0.3~0.5c
卷针缝

断面图
回针缝 按针脚的2倍进行缝制

✳ 流苏的连接方法

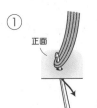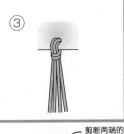
① 正面
②
③

✳ 拉链的拼接方法

①
在织片的背面放上开式拉链，用珠针固定，用绷线假缝。

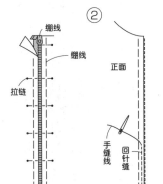
② 绷线 绷线 正面 拉链 手缝线 回针缝
用手缝线回针缝。

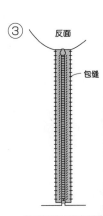
③ 反面 包缝
将拉链的布边包缝在背面。

✳ 绒球的制作方法

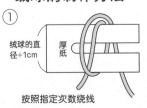
① 绒球的直径+1cm 厚纸
按照指定次数绕线

② 剪断两端的线圈 将中央拉紧打结
将中央拉紧打结，剪断两端的线圈

③ 修剪成圆球